中国景观设计年鉴

CHINESE LANDSCAPE YEARBOOK 2017

2017

杨学成　主编

（上册）

辽宁科学技术出版社

·沈阳·

PREFACE
前言

《毛诗·大序》中说："情动于中而形于言。"

当代中国风景园林，不管如何，逐渐、也必须走到了这一步。

不着急说风景园林，且来看诗。诗词大家迦陵先生以耄耋之高龄热情寄语当代海内外年轻的华夏儿女，说：中国的古典诗歌有一个很可贵的传统，那就是让人心不死。何谓人心不死？看百鸟匆匆为食而亡且不论，就在当前这种比快餐化阅读更急促的零食化阅读浪潮中，在手指划过屏幕，眨眼间读取的信息在不久后99%都会归于信息忘却或者信息无效的状态中，重谈人心不死，实在是空谷足音！迦陵先生娓娓道来："中国诗歌一个最大的特色就是重视'兴'的作用。'兴'，意思是在人的内心有一种兴起，有一种感动。"诗，即是要表现人的情感，那么人的"内心首先要真的有一种'摇荡性情'的感动"。从《礼记·乐记》到《毛诗·大序》，从钟嵘《诗品·序》到陆机《文赋》到刘勰《文心雕龙》，都离不开探讨诗法中一个最基本的关系——外物的变化使人内心感情产生摇荡与感动，而后人通过诗歌把它表现出来。内心与外物之间存在着一种"感发"作用，所以"诗可以兴"（《论语》）。在这种感发作用里，首先人的内心需要一种真实的、不矫揉造作的感动，这是一种可以感知"春风春鸟、秋月秋蝉、夏云暑雨、冬月祁寒"的真感情，滋养人心之活灵，维系宇宙之百感。人当以生命之心灵，去感应宇宙自然的宏烈或微巧的变化，更感应人情世故悲欢离愁的变化。于是人心因这一种真情常驻而不死。

曾独静时思品先贤大家的教诲，苦虑渺沧海之一粟如何才能人心不死。看着掩卷中古人的求学形象，那绝然不是我们当下教育所给予的一种知识或者技能，更不是当下的知识技能附上商品属性后可用诸谋生的形态。因此存在着今古两种为学向度，那就是今人的求学是学习谋生技能，是给人看的；古人为学是学为人，充实自己。这样说是厚古薄今么？那历史上不知厚薄了多少回了，《荀子·劝学篇》《论语》《师说》以及诗家词家各种"向学"诗词……数也数不过来。其实，每一次厚薄之争，恰恰是反思进退之时。为什么宋儒学大家朱熹写："问渠那得清如许，为有源头活水来？"这实在是关于充实修养的至理名言！就如一个需要通过听道来实现自我救赎的信徒，每次听牧师讲道，都像一个饥渴的人喝到了甘甜的泉水那样满足，可是不久以后又饥渴了，还要再来喝。可如果能在内心之中有一股泉水，源源不断滋养心田，那信徒就永远不会饥渴了。因此历代大学者所强调的修养，正是指人的内心之中要有一种来自生命的力量，持之以恒，来抵抗求学问道途中的软弱。

窃以为有了这些咖位更高的本质性概念作"赋比兴"，也就可以说说风景园林了。

去年在常州参加青年设计师双年展颁奖会时，得空再次朝圣清代常州词派代表人物张惠言，重温其著名的五首《水调歌头·春日赋示杨生子掞》。当时的常州古城云淡风轻，柳月清明，时空事物的交织往往会促使人生出一些奇思妙想来，是的，我们当下又何妨把中国风景园林视作一个正在向更高处的大家求学向道的杨子掞呢。

"东风无一事，妆出万重花"（张惠言《水调歌头其一》），翻阅本册《中国景观设计年鉴2017》所选的风景园林设计作品，细看来都是近两年行业中造园人的用心之作，不禁想以张惠言这句词来表达第一感受。当代的设计师，不论年长的还是年轻的，都是努力地在用眼睛去发现宇宙自然的美，然后经自己的思索和双手的创造劳动，去表达对美的感受、理解和认识。这

梁尚宇

清创尚景（北京）景观规划设计有限公司 首席设计 创始人
清创华筑人居环境设计研究所 学术主持人

当然是一种难能可贵的卓然独立，值得每一个感受到这种美的传递的受众去点赞打call。细细数来，从一个平常人视角看，中国风景园林的成长发展，经历过举国体制下的计划经济发展模式、半开放时期的粗放发展模式、再到进一步开放时期的膨胀式发展模式，有过繁荣，也有过代价。当然，事物的发展终究不以人的意志为转移，烟花易冷也好，尘埃落定也好，美的东西就恒常地在那里，该深思求索的，是人本身。张惠言接下来用"闲来阅遍花影，唯有月钩斜"（张惠言《水调歌头其一》）这一句来反掇人自身，遍览这些美好的花和花影的是天上的一弯斜月，人都在忙碌些什么？词家眼中的"东风"不为了什么目的，也不为了什么名利，它自然地就装出万重花来，自然地就生长了这么美好的事物，而且在这些事物里，总是藏着一种生生不已、欣欣向荣的生命气息。这些美好，不仅呼唤着那些整日为着一些无谓的事情奔忙的人能回首驻足，来欣赏接受她，也静待着更有发现美的潜力的人，能更多地不为外界所搅扰而专注地、持续地找寻和发掘她。

所以本篇开头说，不管如何，更不管人的意愿如何，当代中国风景园林，需要走出这一步了：阅尽繁华，走向真实。其实走向这一步，既有外部事物的压力，也有自身的迷茫与渴求。任何事物的发展都会脱胎于旧有的形态，在旧有的发展阶段中产生新阶段的某些特征，在新的发展阶段中还带有旧有阶段的痕迹。

我们风景园林在计划经济下的发展模式，毋庸置疑产生过功效，也带来过桎梏，如果不较一些类似教育发展学术研究之真的话，可以打个类比来说明——就像曾经的中专。中专，曾经是各个地区初中尖子生眼中的香饽饽，这是在特定时代下，尤其是寒门子弟可以触碰的、改变个人命运的捷径，一旦上了中专，毕业分配、城市户口、吃商品粮，哪一样都抵得上当今在北京二环有房子，在京有车牌。而学苏联的中专制度，恰恰是要解决国家层面上，短期内复制大量专业人才的需求。然而，中专早在几年前就已沦为升学志愿表的鸡肋，不得不靠合并来换取继续办学。而鼎盛时期复制出来的人才，在大浪淘沙中有人归于宁静一隅，也有人愤愤不平，曾是天之骄子的我们怎么不如后来的高中生（考大学）？其实，没什么好不平的。对于心智尚未达到成熟状态的青少年，面对举国体制的需求和"分配、户口、商品粮"的巨大诱惑，是难以有更深远的判断力的。既然选择了早日结束青春砥砺，走向稳定，那他人因着更漫长的艰苦卓绝的磨炼而获得更高成就，就不必思虑了。之所以打这个"跑题"的类比，一是为了认识我们风景园林打下的基础在哪里，较之其他国家，或较之历史，成色如何；同时也是为了更深刻地认识我们风景园林在这个阶段中发生过的一些真实存在，因为这正是在下一个阶段中表现为文化不自信的一些根源所在。

在粗放式发展阶段，风景园林似乎是忽如一夜春风来，千树万树梨花开。虽说世界园林史上也曾有不少国家和地区有过这种景象。然而正如我们国家创造的经济奇迹那样，风景园林的增长模式、方式也堪称现象级的，在此本文不需多言。可是风景园林毕竟不是"世界工厂"的代言，那些口号——"复制学习""消化吸收""去粗取精""去伪存真"，说得再好，终究会在时间长河中，被地域性的自然地理和地域性的历史人文筛选和检验出来。当然，由于有了一个大的基数，肯定会冒出一些具有先锋或领军意义的个体出来，这是必然。同时另一个必然则是，独木不成林。遥望风景园林的本真境界，还差的不是一丁半点。

接下来的膨胀式发展阶段，一面是国家城市化战略进程带来的巨大发展机遇，一面也是盲目扩张阵地的景象。在此本文不愿多言，君不见前几年市场收缩后留下那些四顾茫然的大学园林专业毕业生找工作的孤身只影，最终毕业就是失业，就是转行，令人伤痛。均质化、套路化的设计技能一度被奉为圭臬，接下来就是一波又一波的人才复制。文化不自信同样侵袭着这个阶段的设计领域，由于无法辨清东方思维与西方思维的特点及其历史发展脉络，因此无法从根源的本质上回答自身的问题。在传播媒介上各领风骚没几天的一些零散知识、信息，拨弄着行业中初生牛犊对形态设计欲望的满足的心弦，却总是在时间累积后的回顾中很少留下些什么。那些曾经激荡过才情，已褪去稚气的设计师们，还是在文化的十字路口徘徊不定。处在聚光灯下的些许繁荣景象，媒体传播中那些侃侃而谈的形象们，不一定就很清楚处于风景园林设计行业中最底层的生存状况。更是鲜有人会在一夜鱼龙舞的繁华面前愿意脱离巨大的诱惑吸引，执拗回头，去冷观那灯火阑珊处。

好在，"我有江南铁笛，要倚一枝香雪，吹彻玉城霞"（张惠言《水调歌头其一》），全社会对风景园林的认识和了解经历了一个逐步深入的过程，并开始自觉地探索风景园林关于本质、意义或者类似于"我是谁、我从哪儿来、往哪儿去"的哲学问题。在这样大的思想浪潮对冲下，风景园林的设计领域里出现了一些非常可贵的冷静和觉醒。我们来看词家张惠言面对学生，他的柔情和豪情在于——我既可以像"江南好，风景旧曾谙"那般的多情与美好，也有铁笛般的坚贞品格，尽管我可以在碌碌中停下来欣赏这百花之美好、宇宙自然之生命，我靠近这些美好，但我更能将我所感受到的美好通过我的笛声，一支有着始终如一、坚贞不渝品格的铁笛的笛声，吹遍天上玉京，吹彻玉京那五彩云霞深处！当代的中国风景园林，无论从理论研究还是创作实践，工程实施还是经营管理，正是需要这样一种真实的高洁追求，而且从九州大地上已经逐渐听到了阵阵风雷声。如果说有些事情，立志行善由得我，做得如何由不得我，那么中国风景园林除却外在因素能否成就之外，主要还是要看自身的立志是否坚定、彻悟够不够持久、会否半途而废。只要我们正心、诚意、修身，从根本做起，无论面对怎样的现实条件，起心动念是为了风景园林的本真境界追求，那么新的发展阶段一定会如期而至，一定能回到篇首所说的"情动于中而形于言"。

所以，"诗可以兴"，风景园林当然可以兴！

手捧本册《中国景观设计年鉴2017》，透过出版人精心筛选的材料，尽管未能对项目实地考察，但徐徐读来，却有一番味道。叙接张词，"清影渺难即，飞絮满天涯"也许是当前中国风景园林面对的现实状况，但是当看到《年鉴》中那么多体现着不同程度地追求风景园林本身让人感动的美好，还有积极传承宇宙自然之本质的探索时，确实可发出张词中接下来的这句旷达之言："飘然去，吾与汝，泛云槎。"孔子说：道不行，乘桴浮于海；如果我的理想不能实现，那么我就乘一个竹筏漂到海上去。孔子周游列国，想找到一个开明国君以实现他的政治理想，也是浮浮沉沉几十年，所以他说乘桴浮于海；张惠言25岁中举人之后，五次考进士而不中，中国以前的士大夫在科举之路上有过不少的折戟，但并不能终止他们对自己理想的探求，以至于养出一股天下己任之气来——可仕，可隐。当中国当代风景园林发展接力，接棒到2017年，无论这个行业里哪个领域，不管是运营人、设计人、学术人、工程人、管理人，不论处在何种境况，都有过、并继续执着地追求自己的理想的！"东皇一笑相语：芳意在谁家？"张惠言是不曾放下过自己理想的，所以设此一问。那我们中国风景园林人，自然不会轻言放弃探索，于万径人踪中独立，于天风海涛中静思，即便有几步蹒跚，也只是在"泛云槎"中进退有道而已。

东坡词曰："有情风、万里卷潮来，无情送潮归。"（苏轼《八声甘州·寄参廖子》）那是大自然宇宙，自然就如此的规律，人们不管愿意不愿意，就是如此；而后来又有两句："浮空眼缬散云霞，无数心花发桃李。"尽管我年岁已大眼睛已花，看不清花的模样了，可是我心中确有无数的桃李生出花来，好不旷达！所以张惠言接下来也说："难道春花开落，更是春风来去，便了却韶华？花外春来路，芳草不曾遮。"春天不是表象世界里的花开花落，人要去找寻的春天，并不是春风所能带走的那短短两个星期的花儿盛开，而在现实的花开花谢之外，在那春天来路的地方，是没有芳草可以遮挡的。那一份美好的情意、那一份高洁的境意、那一份高远的理想，只要你想留住，那便留住了，只要想追求，那便同在了。

我曾在2015年一个零下20多度的雪天，独自驾驶着越野车，从京北怀柔云蒙山走京加线G111穿越丰宁坝上，前往冀蒙交界的乌兰布统。在经过丰宁境内时，一度山路积雪达到过30厘米，而且山谷中回旋着白毛风。六缸的机器轰鸣，超选四驱的左右腾挪，轮边的百尺悬崖，我真实地感受到了宇宙自然的洪荒之力。也许没有人会去理解一个戴着眼镜的疯子，本应"该干吗就干吗去"，不好好画图偏来找罪受。可当我成功地越过一个山垭口，眼前一片山舞银蛇，更在白毛风中，矗立一座已经坍塌的明长城烽火台，它的几个垛口还坚如磐石地迎着狂嚎的风，将风撕裂、撕碎！就这么一瞬间，人被震慑和感动，我在达到体能极限可停留在车外的十多分钟时间里，深情地凝望着眼前的所有，不禁摇荡性情，拙成一首《清平乐·坝上怀古》："北燕国土，苏辛词千古。领上残垣风休住，惯看人间离属。江山坝上沉浮，热河几度寒暑。北戍不嫌匹夫！万里云月果腹。"

是的，中国风景园林的大业，不嫌弃每一股微弱绵薄之力。

中国风景园林，你有江南铁笛，要倚一枝香雪，吹彻玉城霞。

CONTENT
目录

办公 & 教育

居住区 & 别墅

—— 公园 & 广场

中国，深圳

深圳湾滨海休闲带西段
景观设计

北林苑景观及建筑规划设计院有限公司／景观设计

项目规模：

25公顷

完成时间：

设计（2014年–2016年）；竣工（2017年）

设计单位：

深圳市北林苑景观及建筑规划设计院有限公司

合作单位：

美国SWA Group、

中国城市规划设计研究院深圳分院

摄影：

王永喜（深圳市北林苑景观及建筑规划设计院有
限公司）

　　深圳湾滨海休闲带西段全长6.6千米，分为
D段（中心河至海监码头段）、E段（海监码头至
蛇口山段）、F段（半岛城邦至南海玫瑰园三期
段）和G段（码头公园至海上世界段），设计范
围25公顷。用地沿线已经建有半岛城邦、南海
玫瑰园和海上世界等公共景观岸线，沿岸还有
武警、海关等业权单位，设计条件复杂。深圳湾
西段在空间尺度、城市腹地功能和肌理、交通条
件、市民需求、岸线特征、海岸功能等方面都明
显区别于深圳湾滨海休闲带东段。

　　规划设计以"项目连接的意义"和"场地
分段的多重属性"为主题，传承延续深圳湾东
段的设计思路，连接城市山海、连接人们的生

总体规划图
1. 山谷野趣园
2. 地景环艺园
3. 海监基地广场
4. 蛇口山望海之窗
5. 管线公园
6. 亲水台阶及环艺装置
7. 阅海广场
8. 灯塔纪念台地
9. 城市前庭
10. 渔港中心公园
11. 渔海之窗
12. 玫瑰园栈道
13. 蛇口花园
14. 防波堤公园
15. 观海栈桥
16. 双望公园
17. 南海酒店游艇会

活、连接街道与海岸；根据场地属性进行精细化的设计和营造丰富段落化的海岸景观，采用人车分流和静态休闲停留空间相辅相成、高效共融的方式，通过设计确保步道、自行车道、巡逻道的全线分离，实现对现状狭窄线性空间的高效利用；将"隐城之文化廊道"的概念融入项目，通过解码蛇口的城市人文基因，打造一条场所多元丰富的人性化休闲岸线，兼具东西文化特色并体现地域的历史底蕴，彰显鲜明的滨海生活人文主题。

中国，上海

上海张江
主题公园

EADG 泛亚国际 / 景观设计

完成时间：
2017年9月
面积：
36,760平方米
摄影：
柯中州
业主：
上海张江集团

上海张江高科技园区自1992年成立以来，一直被国际同行称为中国的硅谷而享誉世界。一批新经济企业实现了大踏步地飞跃，目前的张江正向着世界级高科技园区的愿景目标阔步前进。

公园建造之前，基地是"脏乱差"的代名词，存在不少安全隐患。环境脏乱、垃圾遍地、野草丛生，还有数不清的违章建筑。未来，按照宜居宜业要求，张江将全面改变原来产业园区的开发理念及开发方式，在生态环境、城市景观、服务配套、支撑体系等方面，构建良性的综合创新生态环境。于是，张江主题公园应运而生。并于2017年9月正式面向公众开放。

城市客厅

通过对场地的理解，充分结合张江镇的历史人文底蕴与张江高科技园区的科技创新理念，最大限度地保留现状，延续场所精神。打造富有张江特色的公共开放空间，使张江公园成为张江北区的主题中央公园、"管镇联动"的合作示范项目。

运用景观手法，结合场地人文现状营造生态湿地新体验，"科技展示区""湿地文化区"和"休闲运动区"三大分区，为市民提供了一个在城市中能感受绿洲的休闲运动场地。

中央景观轴线

中央轴线作为主题公园内的动线主脉，串联起文化、休闲与运动。其中科技花园、文化长廊、湿地岛和演艺舞台，均为市民带来丰富的感官体验。

总平面图
1. 公园入口
2. 岗亭
3. 配套建筑
4. 景观树阵
5. 雨水花园（海绵城市科普教育）
6. 花径游园
7. 文化小广场
8. 滨水文化地
9. 生态文化轴
10. 现状保留树
11. 植物迷宫
12. 儿童游乐区
13. 活动草坪
14. 老年天地
15. 停车场
16. 入口景观石

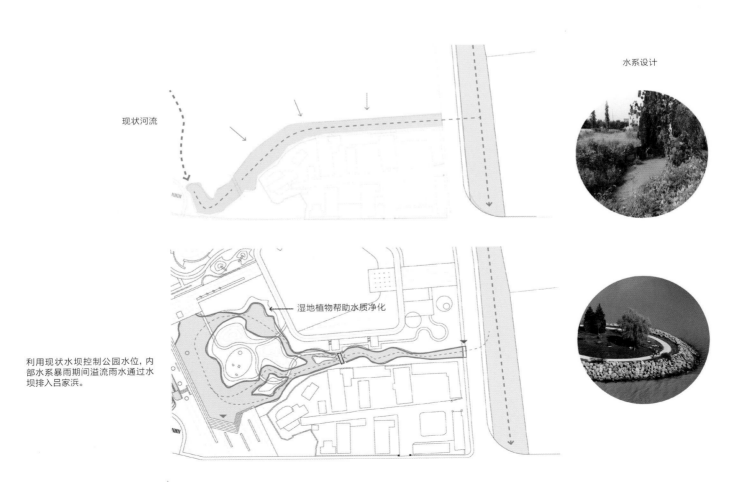

水系设计

现状河流

利用现状水坝控制公园水位，内部水系暴雨期间溢流雨水通过水坝排入吕家浜。

湿地植物帮助水质净化

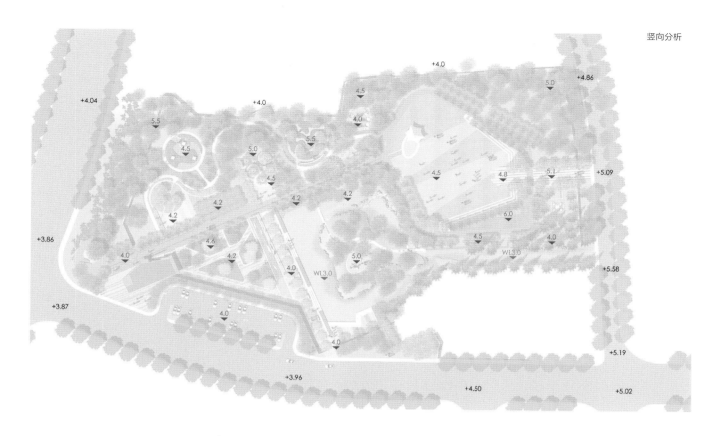

竖向分析

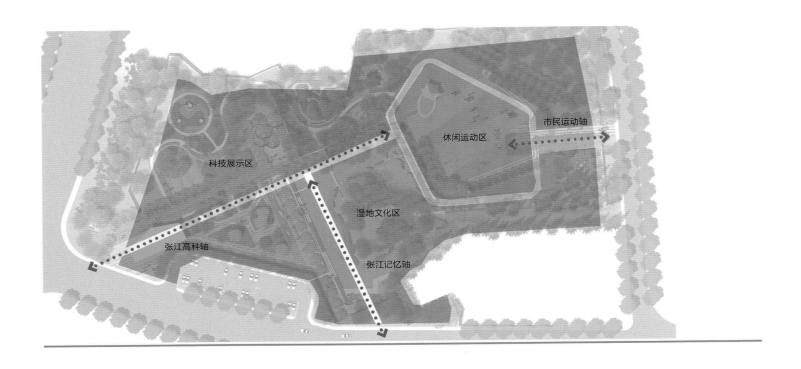

科技展示区

休闲运动区

市民运动轴

湿地文化区

张江高科轴

张江记忆轴

交通分析

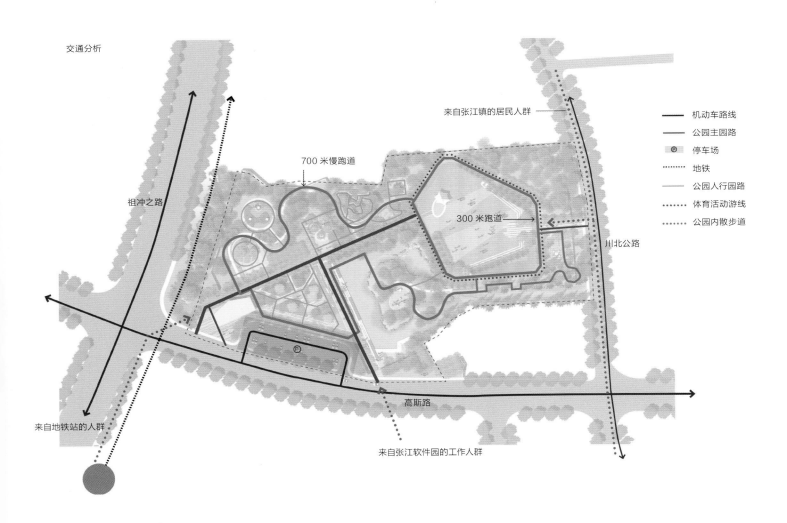

来自张江镇的居民人群

700 米慢跑道

祖冲之路

300 米跑道

川北公路

来自地铁站的人群

来自张江软件园的工作人群

高斯路

机动车路线
公园主园路
停车场
地铁
公园人行园路
体育活动游线
公园内散步道

科技展示区

科技展示区是文化展示互动的窗口，为张江区域高科技团体提供科技展示及展览的开放空间，有机划分的草坪或广场创造趣味的交互体验。

湿地文化区

湿地文化区连通场地内原有水系，通过湿地自然净化，创造天然氧吧；并结合张江镇历史文化元素，打造浓厚的生态人文氛围。

休闲运动区

色彩鲜艳富有趣味的小径及新颖时尚的儿童活动场所，是老人锻炼、青年休闲、儿童游玩的绝佳好去处。

上海的张江，潮起云涌，高瞻远瞩。
张江主题公园将成为张江未来新地标，
一个令人印象深刻的北区中央公园，
为张江带来更加精彩时尚的未来。

1. 唐碑吐雾　　　8. 汉桧凌霄
2. 生态停车场　　9. 孟母高台
3. 九川雪浪　　　10. 魔幻森林儿童公园
4. 复合绿道驿站　11. 文潭灏影
5. 胜水荷香　　　12. 苏公胜迹
6. 飞虹桥　　　　13. 骑步复合绿道
7. 万柳金堤

中国，廊坊

文安·文礼公园

道合景观／景观设计

1. 唐碑吐雾　　　8. 汉桧凌霄
2. 生态停车场　　9. 孟母高台
3. 九川雪浪　　　10. 魔幻森林儿童公园
5. 胜水荷香　　　12. 苏公胜迹
13. 骑步复合绿道

　　文礼公园整体设计以宏观聚焦微观，首先在城市维度下，依照城市总体规划，结合布局，将公园定义为展现文化与艺术的社区公园，并通过城市超级绿道体系联系各大公园绿地网络体系。其次在社区维度下，赋予公园绿色、活力、休闲、艺术四大特性，分担住区内部使用功能。最后在公园维度下，秉承完善城市公园绿地系统及公共空间，结合文安崇尚文礼的悠久历史八景，构建城市超级绿道及社区慢行系统三大宗旨，打造特色鲜明、文脉深厚、健康舒适的文礼公园。

　　设计追溯文安"崇尚文礼"的精神源头，抽象水滴汇聚的自然形态，作为公园由外至内的设计语言，好比文人与水，智者乐水，情寓于水。刚柔并济，游刃有余。以公园湖区为中心，围绕 "文安古八景"，结合由西至东贯穿全园的骑步复合绿道，布设八大特色文化景观节点，结合阳光草岸、林荫空间，凸显文礼公园深厚的文化氛围，为市民提供一处集临湖慢跑、林荫休憩、草岸观景的社区公园。与此同时，借助生态植草沟、生态停车场、生态驳岸、透水铺装及雨水花园五大生态净水设施，与中心湖区相互结合，共同构建园区"渗、滞、蓄、净、用、排"的有机水循环体系。全园将"崇文尚礼"的人文底蕴与"自然湿地"的生态措施相结合，贯彻"超级绿道"和"海绵公园"的先进理念，作为文安市民日常舒适的休闲娱乐天地、文安新城全新的门户展示窗口。

完成时间：

2017年11月初

设计师：

余梅、陈渝、段余、邹雍雪、刘云长、臧仁才、张云燕、张萍

摄影师：

潘光侠

占地面积：

46,887平方米

概念图 1

一环
两轴
八区
多点

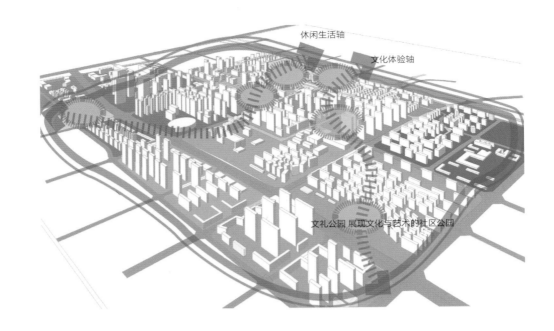

休闲生活轴
文化体验轴
文礼公园 展现文化与艺术的社区公园

概念图 2

空中 二层连廊
地面 超级绿道
地下 艺术地通

图例:

⟷ 城市超级绿道

▭ 社区骑步复合绿道

概念图 3

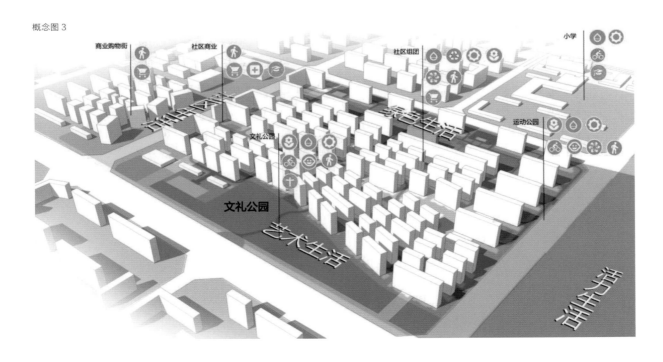

商业购物街
社区商业
社区组团
小学
文礼公园
运动公园
文礼公园
艺术生活

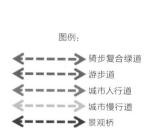

图例:
◀----▶ 骑步复合绿道
◀----▶ 游步道
◀----▶ 城市人行道
◀----▶ 城市慢行道
◀----▶ 景观桥

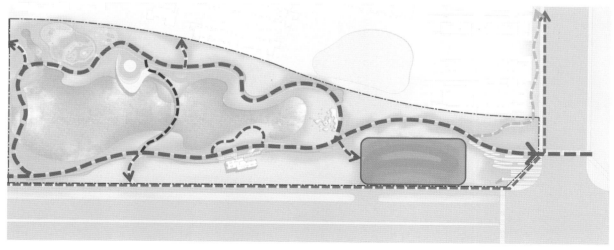

慢行系统分析

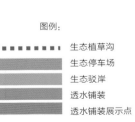

图例:

- - - - - - 生态植草沟

生态停车场

生态驳岸

透水铺装

透水铺装展示点

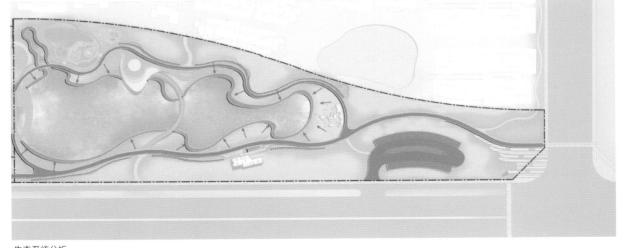

生态系统分析

建成时间：
2017年
项目面积：
总占地面积：
77万平方米
水体面积：
33万平方米
陆地面积：
44万平方米
总建筑面积：
4950平方米
绿地率：
77%
停车位数量：
191个+5个大巴车位
环形慢跑道长度：
2.7千米
人行桥长度：
222米

中国，深圳

深圳人才公园

欧博设计 / 景观设计

公园地处深圳市南山区后海片区，东临沙河西路，南临东滨路，西临科苑大道和登良路，北临海德三道，与深圳湾公园和深圳湾体育中心相连，毗邻深圳湾超级总部基地，粤港澳大湾区的核心区域。

形体上，公园如同一颗镶嵌在15千米深圳湾滨海休闲带"项链"上的璀璨"吊坠"，融入城市腹地。

理念

这里，曾经是一片大海；多年填海以后，现在，这里是后海仅存的最大一块城市绿地。

自2007年欧博设计第一次参与这块场地的投标，到2012年中标深圳湾内湖公园，再到2017年初中标深圳人才公园。跨越十年，虽然场地一直是这块场地，但我们从未停止过思考，这里需要一个怎样的公园，应该如何承载场地所赋予的特质，如何取得主题性与市民性的平衡。

公园"人才"主题突出，充分体现深圳对人才的尊重、关怀和激励，提倡泛人才概念，人人皆可成为自己领域的人才。通过激励、交流、活动、宣传，四大策略板块，运用轻松自然艺术的表现方式，充分凸显公园"人才"主题。

同时，我们希望公园成为人人喜欢的日常的轻松舒服的场所，孩子们在这里游戏成长，年轻人在这里运动休闲，老年人在这里养生漫步，所有市民都可以在绿意盎然、碧波悠悠的公园中找到属于自己的领地。

整个公园作为一个连续的地表结构，支撑并培育自然生态过程的同时，支持和服务多重复合功能为主导的人文生态系统，创造丰富都市公共空间体验。景观在这里不仅仅是一个独立的"公园"本身，而是开放的组织城市形态和功能的空间结构和触媒。

以流动、边界、弹性三大策略，打造一个非停滞、非孤立、非固化的公共空间体系。依托场地，突出"水"的资源特征，提炼"流"的场地精神，源自大海，穿经公园，融入城市；通过对公园内外边界的分离、切割、重组，使城市、公园、水体三者之间的界限更加模糊，营造丰富性、渗透性的多重界面；注重功能复合的弹性可能，形成完整的3千米功能环、慢行环，成为深圳湾15千米滨海带的延伸和放大，强化市民对海的感受，唤起历史记忆，重塑公众的地域场所体验。

公园景观是各种自然过程的"载体"，这些过程支持生命的存在和延续。同时，公园又是多种功能的"载体"，它为催生和协调环境与基础设施之间提供相互融入和流动交换的界面。公园的未来必将秉承其自然、开放、兼容、多元的特性，繁花之中再生繁花。

总平面图

海德三道

静谧河谷

阳光剧场

云水台

潮汐广场 人才功勋墙

汉字部首长廊

人才驿站 雕塑园

登良路

创业路 中心广场

风范塔 无忧广场

登良路

沙河西路

嬉乐园 芦苇荡

星光桥

人才林

求贤阁

π 桥

科苑大道

水岸岛群 最美公式长廊

冲凉房

群英荟

花海森林

东滨路

植物

保留原生植被,并和谐过渡至新建植物景观。新特种根据其在全光照、交替性的咸水淹没、高盐度的风、干旱以及过度降水等严酷气候条件下的存活能力来进行选择。

湖水为海水,湖体驳岸种植红树、半红树植物,如草海桐、秋茄、马鞍藤、鬼针草等,构建红树生态景观。

北区芦苇、细叶芒、狼尾草、美人蕉、常绿水生鸢尾、紫叶狼尾草、紫芋等

构成了耐涝的雨水花园;南区内河与湖体相通,耐盐性强且水旱两生的旱伞草、芦竹、水生美人蕉、黄菖蒲等成为主角,内河两岸,随着几十厘米的水面高度的变化,植被景观则更具弹性和生物多样性。

营造四季分明的主题植物景观

春:紫花风铃木、银鳞风铃木、黄花风铃木、木棉、无忧树

夏:凤凰木、澳洲火焰木、泰国樱花、红花玉蕊、翠芦莉

秋:乌桕、紫叶狼尾草、芦苇、翠芦莉

冬:美丽异木棉、宫粉紫荆、鸡冠刺桐、木芙蓉

四季分析图

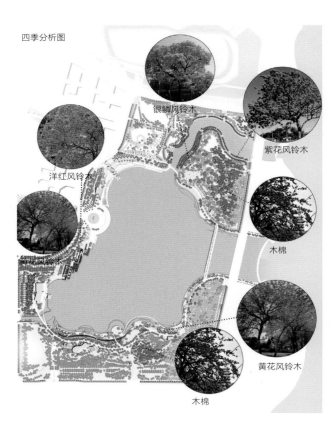

银鳞风铃木
紫花风铃木
洋红风铃木
木棉
黄花风铃木
木棉

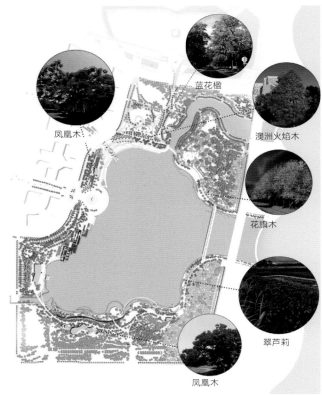

蓝花楹
凤凰木
澳洲火焰木
花旗木
翠芦莉
凤凰木

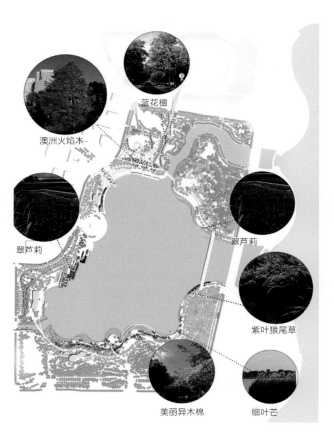

蓝花楹
澳洲火焰木
翠芦莉
翠芦莉
紫叶狼尾草
美丽异木棉
细叶芒

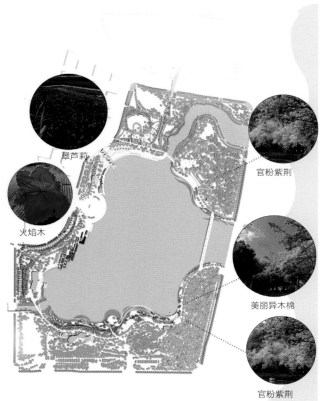

翠芦莉
官粉紫荆
火焰木
美丽异木棉
官粉紫荆

中国，长沙

长沙金霞风光带及鹅羊山公园

奥雅设计上海公司／景观设计

项目类型：

城市公共空间、滨水景观、公园

面积：

25公顷

竣工时间：

2017年

业主：

长沙金霞经济开发区开发建设总公司

摄影：

林涛

长沙金霞风光带以"THE JOURNEY(旅程）"为景观设计理念，用现代的手法，依托丰富的自然条件，力图为湘城右岸打造一段极具国际品质、地域特色、自然和谐的城市游憩体验。

本项目结合鹅羊山一并打造了一处背山面水的新兴城市门户滨水景观。在现代生活快节奏的基调下，提倡更健康、更优质的城市生活；在追求独特个性与吸引力的同时，承载着孕育新市民文化的历史新使命。设计团队结合周边用地，定位主要使用人群，针对人群活动特点，分析场地的功能地位、使用时段，将健康乐活的城市活动植入设计当中。

根据人流到达方向、主要使用人群以及考虑周边用地情况，设计团队将金霞风光带分为了三个主要区段。

门户迎宾段

风光带最南端是人群到达场地的首个入口，是金霞风光带的迎宾门户。宽阔的腹地、平缓的地势，加以地景和可视性的景观元素强化场所感，更是强化了金霞开发区的门户形象和精神内涵。

在这里，快速驾乘的游览者将获得明确的视觉引导、便捷的停车服务、全面的游览导视信息，以及临江餐饮、水上游览和登高远眺等多种游览体验。

文化休闲段

文化休闲段为风光带的核心部分，由两条主要干道连接场地和城市，是高岭商贸组团直接通道的强劲尾音。作为集中的文化展示区段，自兴联路南侧的

平面图

文化花园起，沿途设置了创意儿童游乐场、假日草坪、时尚餐厅，以及由湘江博物馆、鹅羊山山谷组成的国学书院。

湘江大道鹅羊山弯道地段异常狭窄，道路边侧即为峭壁；然而，此处景观视野开阔、险峻壮美，设置的临江栈道毗邻峭壁，立于水面之上，将山体水岸的美丽弧线延展出去。

生活水岸段

生活休闲区段邻近湘江大道东侧的高端居住用地，呈规则带状分布。作为金霞开发区滨水绿地空间的中心位置，金霞滨水广场兼具了市民滨水广场、游船码头、停车、餐饮诸多功能，是最吸引眼球、最开放，也是最亲民的场所。

金霞滨水码头以北，沿线布置了老人活动场、高端餐饮、樱花大道、浪漫花田和多功能大草坪等节点。

海绵城市设计

金霞风光带促进了优质的生活节奏，承载传播了生长的文化，具有独特个性吸引眼球。它更看重的是与孕育它的母亲河——湘江的亲密感。

设计团队针对风光带进行了海绵城市专题研究。方案中采用了自然散排的方式，增加了植物缓冲的作用，减慢地表径流的停留时间，以达到减少泥土冲刷量，增加雨水下渗时间和下渗量的目的。

璀璨湘江，魅力金霞，一段圆梦的旅程！

长沙金霞风光带是一段极具"国际品质、地域特色、人文创新、自然和谐"的城市游憩新体验。更是风雨之后，纵览水光山色，尽享人生确幸的一处宁静。

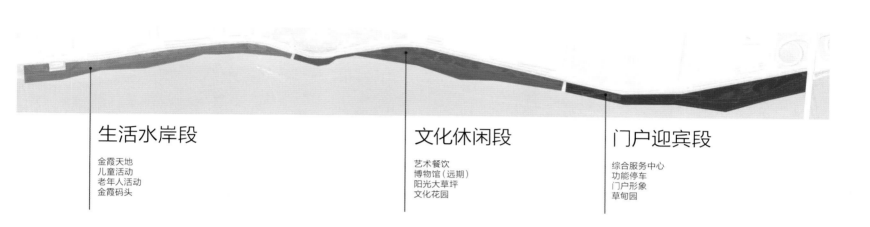

生活水岸段

金霞天地
儿童活动
老年人活动
金霞码头

文化休闲段

艺术餐饮
博物馆（远期）
阳光大草坪
文化花园

门户迎宾段

综合服务中心
功能停车
门户形象
草甸园

使用人群分析

商务人士　　　周边居民　　　家长与儿童　　　55岁以上中老年人　　　游客

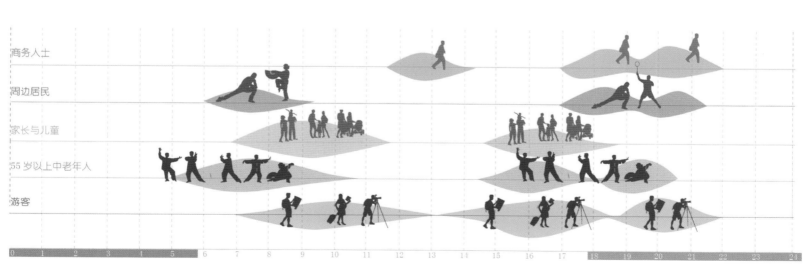

麓湖红石公园占地面积15万平方米，位于四川成都天府大道南延线麓湖生态城中心地带，是一座功能完善的独立型社区公园。如今，开通红石公园地铁站，附近居民都可以通过线上预约，带着家人、孩子来在这里游憩玩耍、健身锻炼、社交集会，享受美好的户外空间。为居民带来全新社区生活体验，成为了社区居民健康生活方式的催化剂。

麓湖红石公园是为数不多的"开放式"社区公园典范，建设与管理主体从政府转变为开发商，将传统居住区设计中零散分布的居住绿地集中利用，打造全开放的社区公园服务居民。社区公园作为地产开发的附属产品，远远超出了开发商出资将其打造成功能丰富、环境迷人的社区公园，并且对全社会免费开放，极大提高了楼盘知名度和吸引力，成为我国社区开发新样板。

承载场地记忆，引发集体认同的地域感

红石公园设计注重设计与自然对话，在满足现代居民的使用需求的同时回应场地环境。挖掘红砂岩场地记忆，引发集体地域感认同与感知，以场地记忆创造场所精神。

现场踏勘时，周边建筑施工挖掘出很多大块的、形态饱满的红砂岩整石，

并且在用地及其周边区域的种植土下方，也基本为红砂岩地质。这种红色的砂岩是距今约2.5亿年前形成的红色地层，是这个场地非常鲜明的特征，这个发现令设计师非常兴奋，这一地质特征为即将建设的公园带来了历史厚重感。设计团队抓住成都南部特有的红砂岩地貌特征，保留大量红砂岩，提取场地基因将红砂岩元素巧妙地融入到设计元素中，红石公园也由此得名。

设计师将红砂岩作为最重要的设计元素，以户外家具、景观小品、铺地、喷泉、挡墙等不同的方式呈现遍布整个公园，设计将出色的场地竖向设计与强烈的感知元素相结合。向市民展示远古的历史厚重感和场地的记忆。

镶嵌着红砂岩的吐水景墙与观赏草为场地带来野趣之美。"石生灵泉"是一处较为安静的场所。场地西、北两侧设计了5个涌泉的红砂岩条石。前端设计了涌泉的出口，出口边的石头稍微凿得低矮一些，水顺着石壁缓缓流下，就有了泉水破石而出的感觉。红砂岩条石的后端藏在地形中间，种上丰富的植被，红砂岩如同从植物中生长出来一样。红砂岩还被运用在挡墙、地面铺装和小品设施里，与其他石材穿插使用，台阶与原始的红砂岩石块相连接，带来了粗犷的美感。成为场地的重要特色。

建成时间：
2017年
面积：
约7.8公顷（一期、二期）
项目委托：
成都万华投资集团
摄影：
易兰规划设计院

获奖情况：
2016年英国景观行业协会BALI（British Association of Landscape Industries）国际景观奖
2016美居奖中国最美公共景观奖
2016年度美好家园环境奖
2017年ELA（Ecology Landscape Award）生态景观大奖最佳主题公园奖
2017年中国勘察设计协会"计成奖"

中国，成都

麓湖生态城红石公园

易兰规划设计院／景观设计

全龄化设计，鼓励参与的空间设计

红石公园精心打造高品质的社区户外活动空间，吸引居民积极开展户外活动，使麓湖居民能享受一般社区居民所没有的生活条件。在功能布局方面，设计团队考虑了不同年龄段的需求，既要有满足全龄化的花园游览，也要有儿童娱乐、成人聚会的场地，还要满足成都当地特有的棋牌娱乐。因此，在公园核心的太阳谷区域设置了满足动态活动为主的儿童七彩游乐园、阳光草坪、中央烧烤区和以静态活动为主的香樟棋语林、石生灵泉，满足不同年龄段受众的需求。大面积的阳光草坪为社区居民举办特色的活动提供了可能性，一场小型露天音乐会，一场浪漫的私宴，甚至一个精心准备的求婚……优美自然环境基础上，贴合居民实际需求设计丰富的活动空间。

在中间的太阳谷地区场地设置儿童拓展区充分考虑全年龄段儿童的探索需求。在自然起伏的台地中央，在树林花海的掩映下，为孩子们创造一片童话空间。运用树屋的概念在属于孩子的制高领地创造了一座彩虹滑梯。彩虹滑梯环绕着三棵大树盘旋到空中，两条滑道提供两种完全不同的滑行体验。一条封闭盘旋，幽黑神秘，另一条则有着透明的顶盖，从坡地上挺拔的波斯菊丛中延伸出来仰身躺在树林中，体会快速穿行过一片花海的感觉。

空间记忆主要体现在对场地原有地形进行保留和利用。对场地原有地形进行保留和利用，设计充分协调下洼空间与社区之间的高差关系，利用坡地、谷地等不同地形创造丰富的空间感受。儿童活动场地利用峭壁设置了几款不同的攀爬游戏，创造了空间与活动内容多样的儿童活动场地。

场地周边居民缺乏宜人的户外环境，基于此设计团队希望为周边居民创

造更多的活动空间。设计团队希望打破传统公园仅提供简单步行道路和简单健身器械的局面。结合目前人们对丰富的生活环境的需求，设计师对场地功能进行了广泛而细致的思考，设计按照不同人群的使用功能对动静空间进行分析与衔接，使之更加合理有效。为了增加公园的易达性与更多步行到访可能，设计师为周边五个社区都设置了从社区直接进入公园的路线。

构建雨水花园，实现生态可持续景观设计

公园用地较之各个居住组团地块较为低洼，形成一系列狭长的谷地空间。场地内一条排洪功能的南干渠从东向西从地块中间穿过，河渠南侧有一条4米宽巡堤路。因此场地设计中要充分考虑这种带状交叉结构之间的彼此联系，解决谷地与居住组团之间的竖向高差。充分协调下洼空间与社区之间的高差关系，利用坡地、谷地等不同地形，通过与生俱来的垂直空间关联性，创造与众不同的空间感受。公园内精心设计的小桥不仅加强了南北向空间联系，同时创造出独特的自然优美的景观节点。

红石公园将景观与雨洪管理体系相结合展开设计，还针对性地将周边几个社区的雨水系统和公园的雨水系统统一规划。从整体水系设计的制高点竹林区的跌水开始，流到戏水乐园，最终汇入蓄水湖中，在湖中央设计下沉水岛，30厘米水面高差实现湖的调蓄功能。当湖面水位达到一定高度，多余的湖水就会顺着下沉的石壁，汇入地下下沉空间，将排到河道里降雨汇聚起来，满足周边的灌溉。在满足园区中景观水使用的基础上用净化过的雨水对公园进行灌溉，水量充沛时还可以对周边5个社区进行灌溉，提高了淡水资源的使用效率。

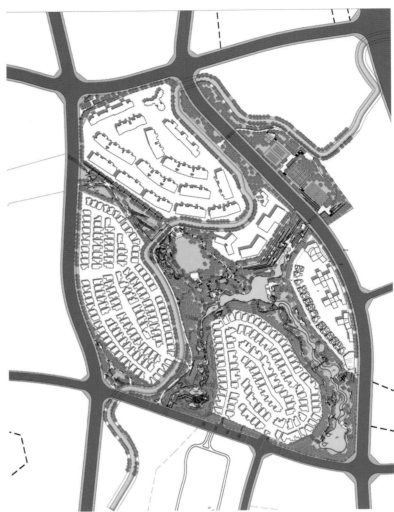

手绘图

中国，衢州

衢州鹿鸣公园

北京土人城市规划设计有限公司／景观设计

项目面积：

32公顷

摄影：

俞孔坚，张锦

项目概述

　　衢州鹿鸣公园位于衢州市西区石梁溪西岸，处于拥有250万人口的衢州市的新城中心（商业、行政中心）之核心地段，是高密度城市建筑之中的一片"绿洲"。设计师将具有生产性的农业景观与低维护的乡土植物融于景观设计之中，创造出一个丰产而美丽的城市公园。一系列"漂浮"于植被和溪水之上的步行道、栈桥和亭台等构成一个游憩网络，让人悠游于山水自然之中，而又不给自然过程造成过度的干扰。城市遗弃地由此转变成丰产而美丽的景观，同时保留了场地的生态特色与文化遗产。通过探索人工建设与自然元素的平衡，实现人与自然的和谐共生。

场地特征与挑战

　　衢州市拥有超过1800年的悠久历史，曾因位于中国东海岸的重要战略位置而著称于世。在二战期间，美军在1942年4月18日实施了针对东京的空袭计划（Doolittle Raid），而衢州小机场曾被计划作为美轰炸机完成任务后的降落地。

　　整个公园占地约32公顷，被高强度开发的城镇所环绕，西临石梁溪，东临城市交通要道。现场地形复杂，有高地的红砂岩丘陵地貌、河滩沙洲，还有平坦的农田、灌丛和荒草，沿河岸有枫杨林带。场地中还分布着一些乡土景观遗产，如乡间卵石驿道和凉亭，灌溉用的水渠和提水站。此外，场地中一处红砂岩丘陵临水，与河面的最大高差有近20米。在当下的中国城镇化进程中，此类场地被视为杂乱丑陋而毫无价值，历史文化遗产价值更无从谈起。面对此类场地，为了简化设计施工过程，便于修建道路、安装给排水系统等基础设施，最惯常的工程处理方式便是粗暴的铲平。

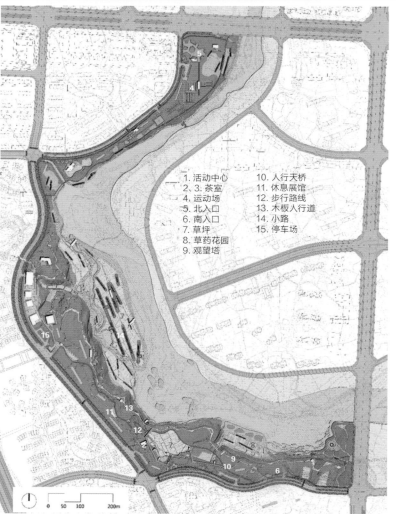

1. 活动中心
2. 3. 茶室
4. 运动场
5. 北入口
6. 南入口
7. 草坪
8. 草药花园
9. 观望塔
10. 人行天桥
11. 休息展馆
12. 步行路线
13. 木板人行道
14. 小路
15. 停车场

0 50 100 200m

设计师被委托将公园打造成集休闲、运动、游乐为一体的城市综合型滨水公园。设计探索新的景观理念，让城市公园不仅仅是绿色公共空间，同时作为生态基础设施为整个城市提供生态系统服务。从宏观来讲，该项目旨在应对当下的危机，包括气候变化、食品安全、能源安全、水资源短缺等问题，同时又让景观具备生产性和低维护性的景观新美学。项目中运用的理念包括"与洪水为友""都市农业""最小干预"等，在利用山水格局和自然植被的基础上，通过"覆被"（Quiting）和利用栈道及游憩网络来"框架"（Framing）山水和植被，来实现景观的改造。

设计理念与策略

景观的"覆被"策略主要表现在以下4个方面：

（1）保留乡土景观本底。场地原有的景观基地及自然生境完整保留。红砂岩体、自然植被（包括野草和灌丛）、原有的农田水系、原有的河岸树木等均完整保留。场地的文化景观遗址，如驿道凉亭、灌溉设施也都完整地保存下来，并对它们进行修复作为场地的文化记忆。这些自然和文化特色为景观创造出丰富的意义和特质，多层次的设计语言被巧妙融入其中。

（2）丰产而富变化的都市田园。在保留原有地植被的基础之上，废弃地上引植了生产性作物，四季轮作：春天是油菜花，夏季和秋日是向日葵，以及早冬的荞麦，并轮作了绚丽的草本野花。草甸上一片片低维护的野菊花是很好的中药材料。同时，还有两处大草坪供人们露营、运动、儿童嬉戏等各类活动的开展。丰产而美丽的植物设计，吸引着人们在不同的季节到园中举行丰富多彩的活动；四季的绿草花香也融入了市民们的日常生活。

栈道模式图

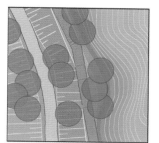

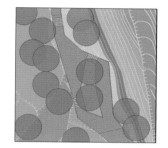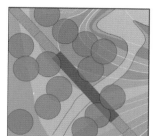

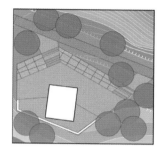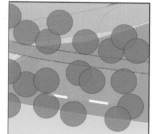

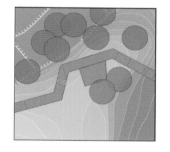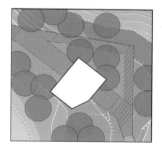

（3）与水为友的绿色海绵。场地内原有的自然地表径流系统完全保留，并设计了一系列生态滞水泡子，截留场地内的雨水，滋润场地土壤，且园内所有的铺装皆为可渗透铺装。原有的和正在建设的水泥堤岸被全部取消和拆除，还河道以自然的形态。水上"飘浮"的栈道让游客可以近距离观赏原本易被忽略的特色红砂岩山壁。园中的凉亭也采用了水适应性的弹性设计，高架于洪水淹没线之上。

（4）山水之上的体验框架。通过栈桥、步道系统及多处亭台，组成环形的游览网络，为游客创造了丰富的景观游赏体验。场地中遗留下的凉亭，原是为田间劳作的农人提供午餐和休憩的地方，为公园的凉亭的设计带来启发，使它们带有乡土特征。此外，整套步道网络飘浮于斑斓的景观之上，一步一景，成功地将生产性植被和绚丽自然风光，转变成游客可直观体验的多层次的互动游赏。

（5）环境解说系统讲述场地故事。沿着人的体验系统，设计了一个完整的解说系统，讲述着场地自然与人文的故事。

结论

该公园自建成之后，成为当地居民极为喜爱的休闲游憩场所，也成为衢州市的新名片。鹿鸣公园由此转变成活力热闹的城市绿洲，为市民丰富多彩的活动提供了理想场所。公园内季节性的绚丽花甸，在社交媒体的传播下，吸引了大量的市民来此聚集，也提醒了在城市奔忙的人们对四季变换的意识，重温已渐模糊的故土的记忆。在风和日丽的日子里，园内景色尤为动人：繁茂的花草之上、高架的凉亭里是欢快嬉戏的孩子们；少男少女们则在花海中甜蜜地互诉衷肠；新婚燕尔在田野里盛装摄影留念；父母带着幼子漫步，耄耋夫妇相扶于廊桥之上，眺望正拔地而起的高楼大厦。层层田地，绵延至溪边，种植着丰产而又美丽的作物，为稠密的城市提供清新怡人的绿色空间。精心设计的步道系统将自然景色一一框景入画，为人们展现着这片土地的历史和故事，憧憬着更美好的未来。

中国，惠州

泰康拓荒牛
纪念园

深圳市新西林园林景观有限公司 / 景观设计

建成时间：
2016年（展示区）
项目面积：
17,260 平方米
摄影：
罗志宗/深圳前方空间摄影有限公司
开发商：
博罗县罗浮净土园林开发有限公司

无间之间纪念|跨世纪的延续
　　——"无间之间"处于中间，是对先人的缅怀，是未来生活的延续

白驹过隙，岁月匆匆。
时间留给我们的不仅仅是万千感慨，
更是传承了军旅拓荒牛精神。
这是一份信仰，也是跨世纪的延续。

精神是一种力量，
始终作为纪念园空间的精髓。
穿越时间，经过历史的考验。
在现代生活中描绘出——
一处处景观中的风景。

新镇旧城的更迭中，
崇尚人与自然和谐相处的生活空间，
以不同的形态所呈现。
纪念园空间穿过现代开发的历程，
保有独特的氛围，
这便是文化之于景观的魅力。

　　泰康拓荒牛项目位于广东省惠州市博罗县福田镇境内，罗浮山风景区后山（西侧），项目用地自然生态条件优越，是个山清水秀，排水良好的环境。

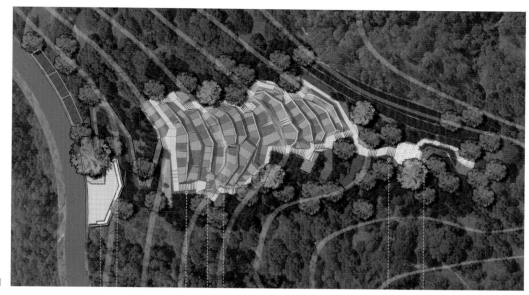

总平面图

项目用开拓、创新、团结、奉献的"拓荒牛精神"的文化核心来丰富项目，由此引申出 "一个时代的记忆，一个民族的灵魂"的设计理念。

同时提醒人们时代的发展趋势，并将陵园生态化、园林化和艺术化，塑造成功能复合、氛围明朗、艺术环境兼具的旅游景点。着力为繁忙的都市开辟一片远离喧哗之地。

现代自然、保留生态环境的景观总是被人们所青睐。设计师不去破坏、不去过度修饰，依山就势做台地式处理，消化高差的同时丰富景观层次。台地浅丘，花香弥漫，梯田式台阶被层层的浓荫花海怀抱，人工景观之美和山水自然之美和谐相融。

台地式的设计使得阶梯和开阔的组团空间相互融合构建成一个整体。这种设计具有大尺寸铺装和不规则种植池，在这些节点处连接形成一个开放空间。拾级而上，是坡顶的观景平台。白色的花岗岩、原木质地的长椅、锈蚀钢板这些现代简约的物料运用和植物配置，增添了景观独特的趣味性。

多层次的空间体验、多角度的感官视线。现代自然、立体绿色的、休闲的纪念园空间强调人与自然和谐关系、人与人的社交关系；项目打造注重纪念园与休闲旅游复合功能的使用空间体验，营造罗浮山的一片独具当地特色的旅游景点。

设计遇到的挑战

坡度复杂的山地地形对景观营造是极大的挑战，山脊排水方式过于单一；设计师利用现实高差，设置多点式层次丰富的水体景观。关于出墓区域的设计，设计师在保证土方平衡的情况下，依山就势做台地式处理，消化高差的同时丰富景观层次；结合富有景观特色的折线式挡墙，在满足通行条件的基础上尽量减少道路铺装面积，实现出墓率最大化。

中国，重庆

彩云湖国家湿地
公园景观提升

道合景观／景观设计

建成时间：
2016年

项目面积：
约27.5公顷，其中湖面面积约19公顷

摄影：
潘光峡

设计思路

设计结合基地山地地形，通过GIS对地形多层面的分析，提出"立体湿地"的概念，将山地地形空间与湿地景观有机结合，打造"梯级净化池+塘+溪流"的组合，构建"立体的湿地净化和生态观系统。同时，结合上位规划，深度挖掘彩云湖桃源的文化意境，从"湿地景观""生态保护"和"桃源文化"三个层面上打造"都市理想桃源"，提出"彩云湖畔桃花源"的文化设计理念。

设计策略

此次设计有两大策略重点，一是恢复并强化公园的湿地净化功能，另一个是完善公园休闲游憩功能。(1)湿地净化系统层面：尊重湿地的原地形地貌、生态系统和人文环境，通过梯田、溪流、塘的多重水体治理净化水源。设计针对公园东区湖区北部两个湾部，由于常年雨水冲刷导致河床升高，水质状况逐年变差的情况，重新规划设计梯田式净化池，将植物净化床的出水经过管渠输送至各个湖湾，促进湖湾中水的流动，缩短湖湾换水周期，从而提高湖水的自净能力，将"死"水带"活"，防止局部形成死水，形成"流水不腐"的效果。同时，充分利用现有活水装置，并结合实际考虑增设曝气装置。通过装置内的螺旋桨使得水的表层和底层不断地循环，从而使底层的水体具有充足的溶解氧浓度，避免了营养物质的释放，增强了水体的自净能力。 同时在环湖北岸设置雨水截流生物净化沟（渗滤沟）：利用雨水截流生物净化沟上栽种根系发达的地被植物吸收和截流雨水径流中的悬浮物，使雨水得到净化后再排放入湖内。
（2）公园休闲主题文化与科普展示系统： 按国家级湿地建设规范，分级划分出可建设区域，营造良好的湿地生态环境，深度挖掘彩云湖桃源的文化意境，打通环湖2.8千米无障碍步道，保证环湖沿线的交通。在环湖步道游览线上，结合现状地形及植物空间，新增17个文化景观观景节点，重点打造"环湖十景"，并融入湿地科普元素，满足各类游人游园的需求；加强参与性场地的设计，提高湿地公园的参与性。

总平面图

中国，南京

南京汤山直立人大遗址博物馆景观设计

HASSELL事务所 / 景观设计

面积：
15公顷
摄影：
林强生/Hassell事务所

在国际景观设计竞赛中胜出后，HASSELL受南京汤山建设投资发展有限公司的委托，为南京汤山直立人大遗址博物馆设计公共区域。

该博物馆基地位于南京以东40千米处的汤山，公共空间占地15公顷，是南京汤山方山国家地质公园的入口门户，是一块具有重要地理意义的区域，这是中国最重要的考古学发掘基地之一。

方案需要满足旅游区公园的多种商业需求，同时又要尊重并体现其无可比拟的自然、历史和文化特征。设计应为新建国家级博物馆提供一座和谐、现代的前庭，以及一座大规模入口绿地，与周边地质公园和城市环境充分地联系和融合在一起。

设计体现了对基地国际重要性的尊重。新博物馆前庭和绿地将重新营造探索与发现的体验，使人们可以穿过一系列主题景观，其中穿插对该地区主要考古学遗址的介绍，其中包括附近南京猿人洞穴的介绍。

通过跨专业的合作，设计团队对基地的现有地形进行优化，通过建立串联的动线构筑起公共与私人功能的无缝衔接，并将公园设计与周边交通基础设施结合起来。各种环保措施，如打造微生态系统以培养特别的植物，打造净化水道以对基地径流进行处理，将支持公园的可持续发展和未来运营。

目前南京汤山直立人大遗址博物馆及周边已成为当地及国际旅游的典范，为所有到此参观的游客提供引人入胜而又富有教育意义的体验。

中国，雅安

雅安熊猫绿岛公园核心区

北京清华同衡规划设计研究院有限公司
风景园林二所／景观设计

建成时间：
2017年
项目面积：
22.68公顷
设计团队：
李金晨、矫明阳、曾宇欣、高兆、孙媛媛、高恺、董顺芳
摄影：
李金晨、矫明阳、程楠

熊猫绿岛公园位于四川省雅安市新老城之间的水中坝岛上，青衣江和周公河交汇于此，青山绿水环绕。熊猫绿岛公园项目规模22.68公顷，是集文化活动、休闲体验、健身康体等为一体的综合性公园，是展示雅安这座生态文明城市时代精神的"城市新客厅"，体现了雅安绿色发展、生态旅游融合和国际熊猫城的发展定位和目标，是具有生态雨洪管理功能的"海绵城市"示范工程。熊猫绿岛公园的落成展现了雅安市灾后重建工作及公共绿地基础设施建设的丰硕成果，同时填补了雅安缺少大型城市公园的空白。

熊猫绿岛公园的落成是由清华同衡团队多专业协作而成，从前期策划、详细规划到景观设计，层层推进、逐步落实。公园整体为"一轴、一环、一带、六片区"的空间结构，合理布局各类功能场地，其中彩雨花廊作为公园的核心景观轴将公园划分为动静分区，通透的结构使得动静分区"隔而不断"，并串联公园6个功能片区，与此同时提供了作为"雨城"的雅安迫切需要的廊下空间。环绕公园营造了一套"彩石溪"生态雨洪管理系统，以下凹绿地为主，是景观化的雨水调蓄设施，结合丰富多彩的湿生植物，形成公园内一条生态而多变的特色景观带。通过竖向设计，在公园内形成开合有致的空间变化，即有开阔舒缓的活动草坪，也有围合私密的花园树林，营造出丰富多样的观赏体验。公园内的景观构筑物和小品在设计上充分结合了雅安当地文化元素和特色资源，并进行艺术化的提升和凝练。

彩雨花廊立面图

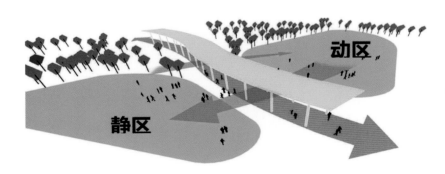

静区

动区

彩石溪原理分析图 1

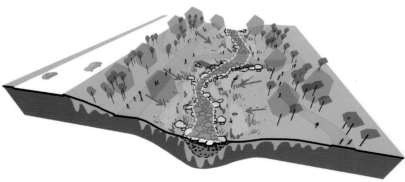

彩石溪原理分析图 2

公园内熊猫乐园是国内首个以熊猫为主题的室外公共亲子乐园，占地面积约2.1公顷，乐园内设计了面向3~12岁多个年龄段的活动项目，以憨态可掬的熊猫为主题形象，设置了让儿童可以自由探索玩耍的景观场地和游乐设施，为市民提供了安全有趣的亲子活动乐园。乐园分为"探索"和"运动"两个分区，两个分区内设计了丰富多样的活动场地和游乐设施以满足不同年龄段儿童的使用需求。

探索主题区

面向3~6岁儿童的活动和游戏乐园，该区内设有小动物传声筒、竹林迷宫、

喷水青蛙、大滑梯、哈哈镜、彩色爬网等丰富有趣的游戏项目，该区可以培养孩子的探索、感知和冒险精神，小朋友可在家长的陪同下尽情玩耍，让大人和孩子共享愉快的亲子时光。

运动主题区

面向6~10岁及以上年龄儿童的活动和游戏乐园，该区内有熊猫塔、熊猫轮滑场、彩色塑胶地形、蹦床、篮球场、乒乓球等活动场地，并围绕场地设置一条红色跑道，串起各个有趣的活动场地，让大家在乐园里尽情奔跑、玩耍。

中国，扬州

扬州马可波罗
花世界乐园

艾绿尼塔(IGREEN DESIGN) / 景观设计

建成时间：
2016年

项目面积：
48公顷

业主：
上海艾绿投资发展有限公司

扬州马可波罗花世界位于扬州东部廖家沟水域自在岛度假区最南端，俗称小南圩。随着扬州城市发展，廖家沟滨水地区被定位为城市中央公园，三面滨水自在岛小南圩也成为中央公园的生态核心，这片48公顷的"小蛮腰"寄托了新时期扬州的厚望。一年时间，将一个名不见经传的郊野生态小岛打造成为世界首个花卉主题乐园，一个永不落幕的世界花卉艺术展，创意团队面临了巨大的挑战。通过扬州政府及各个团队的紧密配合共同努力，花世界将在扬州2500年城庆之际盛大绽放，我们诚挚地邀请您来扬州开启一段花之传奇。通过这一项目实践，我们期望可以在中国生态建设新时期，探索一条既满足城市生态绿地需要，又可将旅游与生态绿地协同发展新模式：通过花卉旅游促进周边一产、二产、三产互融的可持续发展。

马可波罗花世界的定位是打造世界首个花卉主题乐园。从开始，我们期望花世界能打破花卉旅游中静态花园游览传统模式，创新一个可以既可以向人们展现花卉极致之美，又可以带游客动起来的花卉主题乐园。

在小南圩三面环水半岛之上建设马可波罗花世界，面临了诸多挑战，涉及水利防洪、生态保护、场地局限等。设计团队在项目规划之初便以因地制宜、生态保护为首要设计准则，将现状土堤及周边区域改造成生态型的防洪带，并以防洪带为界限形成内圈核心游览区、外圈休闲游乐区的两层游览体系。

外圈休闲游乐区

因廖家沟水域常年变化，且廖家沟作为江淮生态带的主要河流之一，水利行洪等要求较高，设计将现状土堤加高加固，形成更高等级的防洪区域。为使滩漫景观适应河水的常年涨落变化，引入了荷兰生态型花卉品种，形成野花群落，在满足生态性、水利防洪的同时，呈现出自然野趣式的浪漫。同时在外圈开阔区域通过改造场地形成可满足人参与活动的场地，设计了萌宠动物乐园、爱情花园等主题空间，为花世界游客提供了丰富多样的参与性空间。

内圈核心游览区

内圈区域则作为马可波罗花世界游览区的核心区域，对场地进行创新地

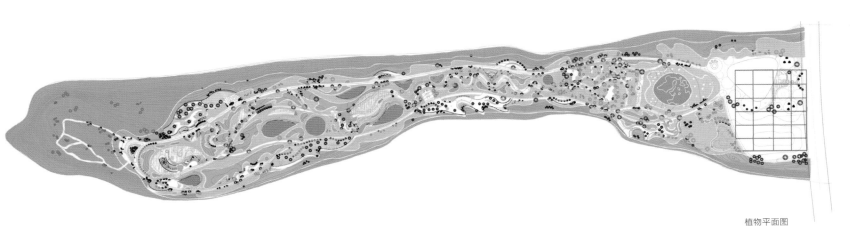

植物平面图

形重塑，使原本狭长、平坦的单一空间变得富于空间变化。结合花毯、花溪、花雕、花镜、花园、花海多种艺术表现，在百转千回的空间变化当中讲述马可波罗奇幻之旅的故事也就成为了可能。设计将整体空间塑造为梦幻欧洲、魔法中东、天国东方三大篇章的主题游览区，游览区既剧情化马可波罗当年的游历进行了奇幻创造，又通过多种互动装置将静态的花园进行了全新演绎，通过马可波罗主题剧秀、魔幻芳香植物园的室内游览，结合马可波罗七个奇幻场景式主题花园，打造了精彩的马可波罗主题奇幻之旅。

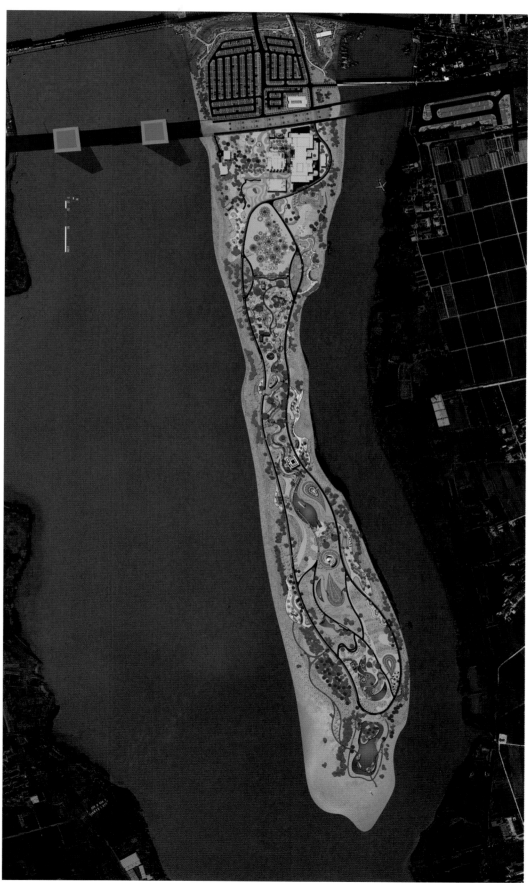

花海总平面图

中国，银川

艾依河滨水景观公园

毕路德设计 / 景观设计

项目面积：
19.2公顷
摄影：
毕路德设计

银川艾依河滨水景观公园基地位于银川市金凤区东北部，紧邻城市新区，北起唐徕渠，南到贺兰山路，东临海宝公园，西至亲水大街，位于交通黄金焦点上。滨水优美休闲空间是每个城市的梦想，艾依河正是实现这种梦想的地方。但项目面临的现状却是粗糙的城市滨水区域，不仅水和城市割裂，未能实际解决城市的环境问题；而且滨水景观只作装饰存在，没有建立多元的体验体系，毫无人气；特别是定位不全面，只考虑简单的城市配套性质，对城市影响力的提升无能为力。

毕路德的设计理念从融合地域特色、凸显生态低碳、以人为本三大主题核心入手，展示塞上湖城，西北水乡，山水相连的城市风情，塑造西北江南景致的"神话"，打造水城一体的中国西北地区最具影响力的城市轴线，展示多彩银川的魅力与品位。设计思路围绕在城市的核心地段打造展示城市魅力的空间舞台为目标，立足场地空间的落差，结合银川生态立市、塞上湖城的城市定位，打破绿化隔离的客观存在，缩小城市与亲水之间的距离。创造性地运用抽象手法，从地道的文化中引申出"折线"与"水波"形式作为场地造型的基调，创造生态的退台空间，编制新的城市体验载体，形成一个水城交融的城市舞台，实现城市魅力的尽情展现。打造一个有序列层次的空间体验界面，使生态滨水形象得以形成。

银川艾依河滨水景观公园的生态之水功能区，在动线设计上注重自然景观，原生态地貌的利用。根据"折线"造型的生态退台空间与曲折的亲水游步道的设计，打造流畅迂回的自然（半被动）流线；细节设计以生态自然的感受为主导，灯具设计将绿色环保的生态理念贯穿其中，使用绿色的照明器具与设备，避免光污染等有害光的出现。强调区域空间特色，注重设计语汇的连续性。城市家具，隐逸于场地中，以生态、简约、舒适为主；材料运用方面，主张传统材料应用于现代设计中，使设计体现时代精神。

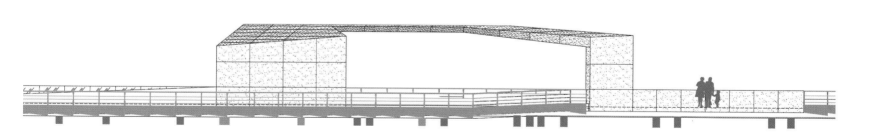

银川艾依河滨水景观公园的悦活之水功能区动线设计着力打造以休闲体验为主题的广场与平台空间，故人流动线注重"纵横"的立体连接，兼顾空间转换的便捷性及引导性。提高空间趣味性，增强体验感；细节设计以营造空间氛围为主导，多采用造型简约，富含趣味性的雕塑小品及城市家具；灯具设计以打造明暗有致、动静结合，极具节奏感的灯光氛围；利用本土质朴的原材料木材和石材作为表现手法，创作出极具现代感的游步道系统与舒适、生态的石笼装置。

银川艾依河滨水景观公园的文化之水功能区以地域文化为"魂"，采取"动线理念""移动的荧幕"，诉说时空交替下的历史文化长廊。即随着游客的步移景异，感受银川浩瀚古今历史文化的演绎。主要为水平交通空间的组织；细节设计以文化为主导，配以系列主题性雕塑；灯具设计突出主体视觉元素，强调戏剧性场景的展现。同时配以简约、舒适的城市家具；设计在体现简洁与凝练的现代景观特色的同时，进而反映了银川人民刚直坚韧的民族特色与场所精神。

在毕路德植物设计方案中，以保留场地当中的芦苇、柳树、红柳等树木（去除柏树等常绿植物）为主要原则，对场地当中的现状芦苇进行生态恢复，再适当的补植芦苇、红柳植物，使其形成良好的生态基底环境；配合草花类植物，再适当点缀本地常见的景观乔木，形成以芦苇、红柳为基底的、舒适宜人的生态植物群落景观。在植物景观体验的塑造方面，通过大面积铺设草

本花卉植物，形成生态、自然的群落植物景观，配合现有的乔木及芦苇植物，形成自由、旺盛的野生植物群落景观。

植物景观通过将"银川-凤凰、金凤-栖水、湖滨-彩翼、塞上-奇观"的创意组合以及对凤凰特征的提取，具体以芦苇、香蒲、红柳为背景，形成以观赏草、千屈菜、丁香、蜀葵及菊科植物，马蔺等草本花卉观赏植物为主的野生花卉草甸景观(生态基底景观：芦苇、香蒲、红柳；观赏草景观：垂柳、蒲苇、晨光芒；千屈菜花带景观：新疆杨、红柳、千屈菜；丁香花景观：国槐、丁香、圆柏；蜀葵及菊科植物花带景观：栾树、桃花、蜀葵、波斯菊、金鸡菊、松果菊；马蔺花带景观：马蔺)，最终形成"龟背、鱼尾、五彩色，形成散落在五彩色带上"的奇观。在毕路德看来，景观已不再是自然的再现或自然的艺术提炼，而更多的是带给观者自然的感受，需要一颗自然的心灵去体验去品味。

毕路德"银川艾依河滨水景观公园"规划方案，立意于银川的发展和传统文化的结合，采用较为抽象的手法来表达主题设计理念。由金凤栖水、塞上奇观抽象出来的折线造型阐述公园现代游憩体验的主体空间结构。创造先进的设计体验及优越的城市形象，营造一条视觉享受和生态休闲的记忆性景观地标，把艾依河滨水景观公园打造成中国西北地区最具影响力城市轴线，形成银川面向世界的形象窗口与连贯、视觉冲击力强的城市景观新形象。

中国，青岛

青岛万达维多利亚湾栖凤桥

哈尔滨万达文化投资有限公司／景观设计

占地面积：
10,000平方米

设计面积：
5,000平方米

摄影：
哈尔滨万达文化投资有限公司

栖凤桥的理念采用的是一只展翅欲飞的凤凰。凤是人们心目中的瑞鸟，天下太平的象征。古人认为时逢太平盛世，便有凤凰飞来。其甲骨文和"风"的甲骨文字相同，即代表具有风的无所不在，及灵性力量的意思；凰即"皇"字，为至高至大之意。凤凰也是中国皇权的象征，常和龙一起使用，凤凰齐飞，是吉祥和谐的象征。

在颜色的选择上，栖凤桥采用红色和木色相结合。红色象征着热量、活力、意志力、火焰、力量，而红色在中国预示着喜庆热闹，标志性和指示性都比较明确；木色象征着沉稳，温暖，给人一种返璞归真，回归自然的亲切感。凤凰的折线形体再搭配红色、木色的材质，整体营造出一种简洁、干净、舒朗、时尚的空间氛围。

铺装设计采用简洁时尚的深灰色和浅灰色石材混铺，运用流线动感的线条来演绎，整体感觉活力热情，呼应桥的折线主题，营造时尚海滨的休闲漫步广场。同时采用多种变形种植池，设置供人们休息的坐凳，在台阶两边分别以组团绿化作为边界，弱化台阶的生硬感。

柱墩的创意灵感来自"渊源共生，和谐共融"的"祥云"图案，自古以来神兽的脚底都是祥云相衬，神兽和祥云的结合预示着大吉大利，蓬勃发展。祥云的文化概念在中国具有上千年的时间跨度，是具有代表性的中国文化符号。"祥云"图案最早出现在周代中晚期的楚地，从周代中晚期开始，逐渐在楚地形成了以云纹特别是动物和云纹结合的变体云为主的装饰风格。这股风气到秦汉时已是弥漫全国，达到了极盛。云气神奇美妙，发人遐想，其自然形态的变幻有超凡的魅力，云天相隔，令人寄思无限。所以，在古人看来，云是吉祥和高

升的象征，是圣天的造物。流线型的柱墩预示凤凰脚底的祥云，柱墩的材质采用安东尼·高迪先生的陶瓷镶嵌艺术，既丰富了桥底的空间特色，又和沿海文化相互呼应。

栖凤桥平面图
1. 桥出入口
2. 抬高表演广场
3. 特色种植池
4. 儿童攀爬区
5. 悬挑观海平台
6. 祥云柱
7. 主题特色铺装
8. 桥底创意休闲区
9. 开阔观海平台
10. LOGO 种植区
11. 雕塑广场
12. 组团绿化
13. 人行路

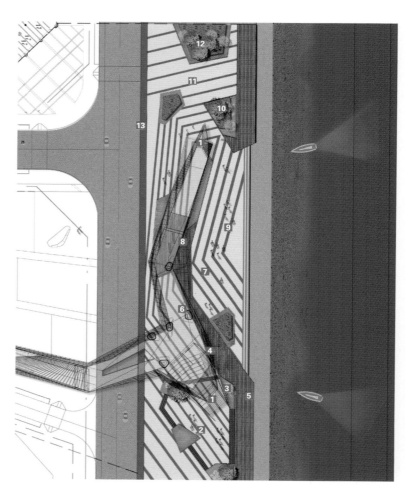

中国，内江

内江万晟运动
休闲公园

成都致澜景观设计有限公司／景观设计

建成时间：
2016年
项目面积：
80,930 平方米
摄影：
陈志
业主：
内江东新区住房和城乡建设局

位于四川内江的万晟运动公园目前是最受内江市民喜爱的市政公园之一。公园将景观设计与城市运动休闲完美结合，为城市公园设计树立了新的典范。公园的绿地空间并未多加修饰，承接着天然的坡地地形为城市居民提供多样化的娱乐休闲活动场地。

公园本身具有完美的地形高差，地形呈峡谷状分布，地块的中部地势较为平坦，北、东、南皆为坡地地形，其中西北角的坡度最为陡峭，最大高差可达16米。正是因为坡地形态丰富，利于打造竖向景观，场地西北角山体较高，在设计之初，一方面将竖向绿地景观给国道做以展示呈现，另一方面利用坡形台地关系的处理，因地制宜地将园内道路与坡形融洽结合 。

为此，基于不同的景观规模，我们利用原始地形景观加以改造，艺术结合于功能加以设计，使设计以及设施完美的融入自然环境。另一方面，我们为了实现保持原始地貌的同时，连接园内多个功能空间的贯穿，规划设置了多条活跃的路线形成连贯的山地空间，活跃的流线在高差的地形上充满活跃的氛围。供人们在公园散步、慢跑或骑行。

内江万晟运动休闲公园重点是在于它的功能性。我们希望创造具有场所感的公共空间，强调创意创新的运动新生活方式。在功能设计上，为了满足各类年龄层次的人群活动需求，各类运动场所分布在园中，形成明确功能空间。

目前来看，万晟运动公园已经实现了它的实用价值，目前呈现出来的居民使用性，已经得到市民的认可。作为城市有序的绿地空间，体现生态城市的实景风貌。另一方面也体现出内江的城市新风貌，一处城市新界面的展示窗口。

万晟公园彩色平面图

等高线底图

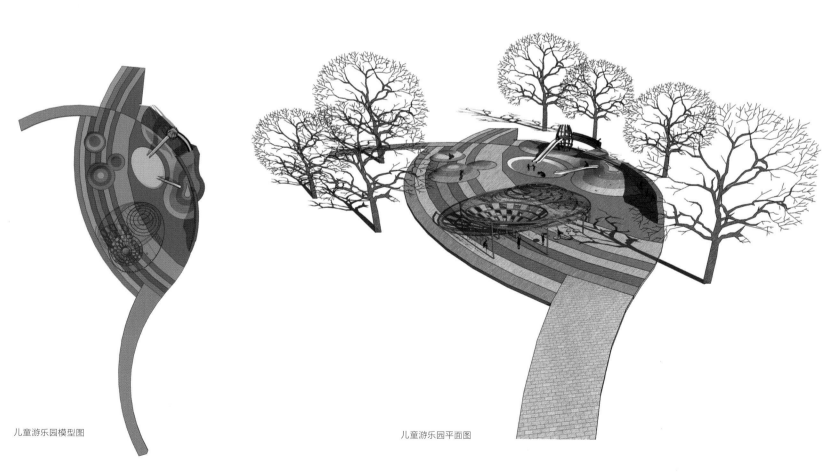

儿童游乐园模型图

儿童游乐园平面图

中国，湖北

"瞬时与平时"
——樱花游园景观设计

UAO瑞拓设计／景观设计

建成时间：

2017年

主创设计师：

李涛

团队：

李龙、陆洲、申剑侠、董昊、祖丽君

摄影：

李涛、李梦琳、申剑侠(航拍部分)

　　樱花在武汉已然成为城市旅游名片，UAO的新作"樱花游园"是在原有樱花园的一侧扩建而来。场地原址是一个废弃的儿童游乐场地，甲方的最初目的仅是扩建原有樱花园，将原有樱花园的面积扩展一倍，以满足越来越多赏樱的需求。

　　设计师在看过现场故事感十足的儿童游乐攀爬设施后，觉得保留利用现场的儿童游乐设施的杆件，改造成新的一个游乐园区。作为设计的创意出发点，它包含两层意思：一是虽然还是樱花树的主题园区，但却包含了满足儿童游戏的一个原有场地的功能。它对原来的场地功能是一种更新式的延续；二是樱花作为非常时令的一种观赏景观，它的美在于转瞬即逝的一种"瞬时"的美，但作为一个公园，也要满足365天除了约两周15天赏樱之外的使用频率问题，而将儿童游乐功能继续保留，就满足了350天使用的可能。

把"瞬时的美"与"平时的乐"结合起来，将会带了怎样的碰撞感觉？

　　设计团队在最开始，将现状的所有杆件进行了统计和分类，将可利用的原有杆件组合成一个新的方案：这个方案含有几大单元：一是利用较长的杆件，围绕场地内需要保留的几棵树，形成满足儿童游走的一个多层的廊道系统；另外就是利用较短的杆件，主要是1.25米的横向杆件，组合成一个迷宫。它充分考虑儿童的行为习惯：追逐、不知疲倦的奔跑、躲猫猫等探知行为模式。

　　在具体实施阶段，对原有杆件进行了检测，发现诸多杆件不能满足后期使用的结构安全需求。最后保留杆件加以利用的想法必须做出改变，但用杆件做设计的想法最后贯彻到设计始终。

总平面图

最后实施的方案中，杆件被组合成了一系列小品：坡道、秋千、亭子等，这些杆件小品本身就成为儿童游乐设施的一部分，同时又将场地缝合在了一起；同时它提供了驻足和观赏的场所和观景的框景，为小游园提供了趣味性，鼓励儿童去探知和发现。

现场的大树得以保留，新种植的樱花品种包括：云南早樱、日本早樱、染井吉野、山樱等；围绕场地形成的环形步道也成为游客健身慢跑的步道，同时将地形局部隆起，形成可以休息的坐凳。原来场地留下来的碰碰车被保留在了场地之中。

设计想通过这样一个项目，来表达一个理念：建筑设计与景观设计之间的界限，应该是模糊和不确定的，这应该隶属景观建筑学范畴（或植物建筑学）。景观的临时性与生长性（樱花的瞬时）与建筑的坚固性与空间营造能力（杆件小品的平时存在）天然是一种对比，而景观建筑学将之模糊，景观内的一切元素（植物、坡地等）和墙、柱、杆件一样，也会是营造空间感觉的一种"材质"；通过建筑设计的空间营造方法，去解决景观的问题，扩展了传统园林设计手法的边界，以期达到现代主义景观特征的表述。

中国，哈尔滨

哈尔滨万达主题乐园

北京俪和景观工程设计有限公司／景观设计

景观设计

俪和景观

建成时间：

2017年

景观面积：

308,000 平方米

摄影：

李世铭、张伟、哈尔滨万达文化投资有限公司

哈尔滨地处我国东北北部地区，四季分明，冬季漫长而寒冷，夏季短暂而炎热。在这座高寒地带的代表城市发展主题乐园，对我们来说具有启示和挑战性。项目设计以文化娱乐主题为出发点和落脚点，通过深度挖掘哈尔滨地域文化，利用景观营造反映哈尔滨城市风貌及北方民俗文化，传承中国文化精髓，使人们在过程中获得文化的归属感与强烈的场所精神。同时，在营造适宜在寒冷地区下的主题乐园业态过程中，我们也面临着各种环境制约与不利因素的挑战。

文化性——亚欧文化的交融

哈尔滨是一座文化多元的城市。随着1898年中东铁路的建成，哈尔滨由一个小渔村迅速发展为一个大都市，俄式、古典主义等各种欧洲近代建筑流派不断涌入，这些西方建筑逐渐构成了哈尔滨如今独具特色的、充满异域风情的城市风貌。

项目中主题乐园的形象入口是哈市大集区，建筑将俄罗斯式的红场建筑语汇纳入乐园，哈尔滨的城市街区印象以中央大街为名。实际调研对中央大街印象颇为深刻的是满载时代痕迹的馒头石中心街区、广场及建筑上富含浓郁的西方文化人物雕。承载文明、历史之余成为了哈市大集区的设计灵感。哈市大集区将中央大街的馒头石痕迹在该区得以运用，核心广场处将哈尔滨冰雪之城的冰雪主题文化与城市有轨电车"魔电"历史痕迹加以设计融入，体现在精美的雪花主题水景广场，同时广场上穿梭着时代有轨电车，运用铁轨、站台设计、时代的钟表语言营造出属于那个魔电时代哈尔滨的城市印象。

地域性——传统文化的延续

寒冷地区气候是导致民俗文化形成的重要因素之一。哈尔滨作为高寒地区代表城市，除欧式的城市风貌外，还有不少因地域气候而形成的如渔猎文化、京旗文化、"三皮"文化等遗落在民间的民俗瑰宝。在该项目中，设计希望结合哈尔滨当地文化，将地域特色与本土文化有机融合，塑造一个传统艺术崭新的展示空间。

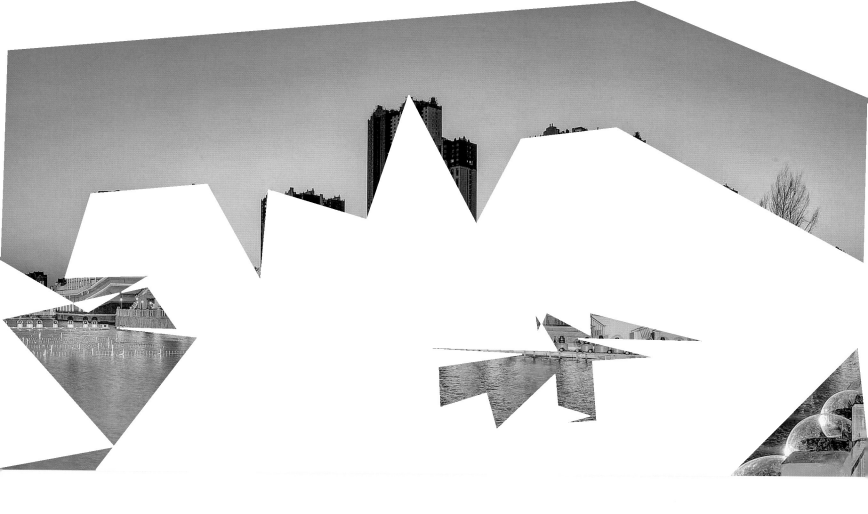

剖面设计图

| 水岸空间 | VIP 看台 | 休憩广场 | 俄式风情街 | 雪花广场 | 俄式风情街 | 马戏剧场 | 外围空间 |

丁香仙境剖面设计

| 雪域冰城 | 冰花广场 | 戏道丁香 | 漫步枫林 | 花心仙境 | 绿野踪林 | 外围空间 |

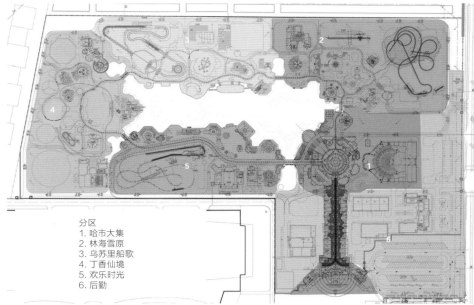

分区
1. 哈市大集
2. 林海雪原
3. 乌苏里船歌
4. 丁香仙境
5. 欢乐时光
6. 后勤

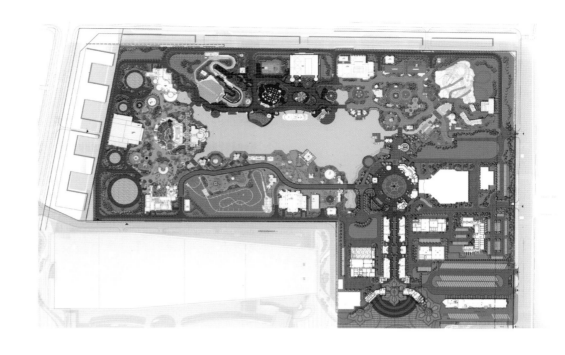

我们以林海雪原和乌苏里船歌两大主题区为文化融入重点。设计师希望将林海雪原区打造成林海原生态植物的天堂，强调深入自然中和冰冷林海雪山的生活方式为一体，大自然的动物小伙伴们与之共生共存、并遭遇自然的冒险生活。巨型的雪山矿、老虎、熊等动物主题雕塑，鹿角、橡树果及粗糙根部等主题护栏，自然切割的模板、精美的木作等构成了完整的故事线，增强了该区捕猎文化的神秘感与趣味性。而在乌苏里船歌区，鄂伦春民族的文化成就鱼皮文化、捕鱼习俗，均以护栏设计及文化包装小品的形式亮相。民俗文化传承与保护作为这两区的设计核心，为人们提供了展示传统民俗文化的崭新空间。

娱乐性——通过景观塑造引导实现娱乐主题

在哈尔滨万达主题乐园项目中，娱乐主题贯穿其中。丁香仙境区从入口景观桥开始，通过夸张、仙境的特色景观营造主题氛围，缤纷的色彩、欢快的氛围以及夸张童趣的造型，使人伊始进入到充满童趣的仙境。设计师使用多变且异想天开的颜色和材质让植被、景观道路和硬地景观相互辉映。哈尔滨市花丁香花亦作为设计元素运用其中。超大尺寸的花朵遮阳结构物、以马赛克形式铺装的丁香花路面、花瓣座椅、藤蔓护栏等，将缤纷、欢乐、舒畅的情绪特征通过景观塑造引导实现。而富有童话色彩的欢乐时光区，则为大家提供了欢乐庆典所需的场所，曲折发散的线条彩色铺装，与建筑的轮廓相呼应，魔法城堡一样的建筑以及魔杖一样的灯柱，各式各样、色彩鲜明的庆典样式景观小品，搭配啤酒样式造型植物，让该区充满了娱乐性与趣味性，散发着浓郁的欢乐庆典氛围。

软景篇——通过植物营造地域性景观

植物是园林景观构成的重要元素之一，是设计语言表现的有力传递者，起着强化主题的作用。在项目中，如何克服寒冷地区植物的选择与搭配，如何通过植物营造地域性景观是我们面临的另一个问题。

为了克服寒冷地区植物种植单一，视觉不丰富，设计师经过了长期研究，搜寻合适的乔木、灌木及花卉，以适应寒冷天气并保持理想的形态。多数乔木均从本地直接移植到项目场地中。在植物的选择上多以乡土树种为主，如在哈市大集处，设计师将大规格丛生五角枫、山榆、丛生核桃楸等选作骨干树种；林海雪原区有大量高大宏伟的松树和青扦等常绿树种；乌苏里船歌区则有大量的耐寒树种如丛生白桦等。丁香仙境区通过乔、灌、草等植物的合理搭配组合，营造出多层次，色彩丰富的仙境感，通过对耐修剪灌木的精心修剪，创造出奇幻与梦境般的体验。总之，合理的选择与搭配既使得主题乐园即使在秋冬季节依旧能有很好的景观效果，又增强了乐园的主题感与故事性。

硬景篇——景观细部的地域性设计

由于北方冬季异常寒冷，地面容易结冰打滑，故在设计过程中采用可抗寒的硬质铺装，并尽量使用地方性材料资源，一来可降低造价，同时也能反映出地域特色。如乌苏里船歌区的硬质铺装和饰面以仿石或仿木等多种混凝土压印纹理为主，同时地面绘制大量如小溪流水、大马哈鱼、熊爪印等彩绘，体现当地从古至今源远流长的捕鱼文化；而林海雪原区则用不同颜色的石头堆砌成松

鼠、老虎、鹿、鹤和老鹰等具有东北特色动物的脚印。通过景观细部营造，使得整个乐园充满了生活情趣和地域特色。

我们希望能够为当地居民和游客营造出一个富有当地地域特色的休闲娱乐空间，建造出属于哈尔滨自己的欢乐世界。

办公 & 教育

建成时间：
2016年
面积：
4,600平方米
摄影：
房木生景观设计（北京）有限公司

中国，北京

泰康商学院中心庭院

房木生景观设计（北京）有限公司／景观设计

泰康商学院景观工程设计，是设计师借助项目背景思考生命，发挥人与自然之景观媒介的一次实践。

泰康商学院的两期建筑分列于北京中关村生命科学园南区北端中轴线两侧。房木生景观承接了连接两期建筑体之间的场地以及二期中庭的景观设计工作。

二期建筑，是两个L形围合为方形的建筑群，中间有一个圆形围廊，围合出一个圆形中庭、一个三角形庭院和两个过道空间。

中庭原有设计方案，并已开始施工，由于业主对效果不太满意，故请房木生景观进行改造设计。房木生团队介入该项目时，中轴铺装和水景基础已基本完成。"是否保留？如何改造？"成了首要问题。根据业主要求，中庭在功能上以观赏为主，主要透过一层环形玻璃廊及楼上的玻璃窗观看，中庭俯视的效果是设计中必须回应的问题。

"简单中的复杂"，是我们理解的生命的意义。

因此，中庭的景观，首先是一圈圈渐开的圆环，形成700mm宽的小径，围

绕并连接从建筑主轴线延伸进来的静面水体。就如生命泛开的水波，融进环形的建筑廊道空间里。

从环廊门口进入庭院的步道，作为第二层线条，或宽或窄，弯弯曲曲地连向中间水体。至此，庭院的交通体系完成。简单的想法，却出现了丰富和复杂的景观空间。

作为种植的"岛"以及其外边缓冲的砾石组成的"沙滩"，穿插在两层交通空间之间，上面堆坡种植，起伏不定。绿篱与地被花卉草坪，以及乔灌木，各自按照自己独立的逻辑展开，有点有线有面，高兴地生长。在其中，我们还放置了一些黄蜡石，并留有可放置雕塑的空间，以回应甲方的诉求。

植物的多样多态，简单的路径，人们可在其间穿梭停留。这就是我们想象的"媒介"场景。我们希望设置这样一种简单的人工媒介，让人们可以轻松地进入自然，并体验自然的丰富与多态。

空间起涟漪，共生祝泰康。

中庭彩色平面图

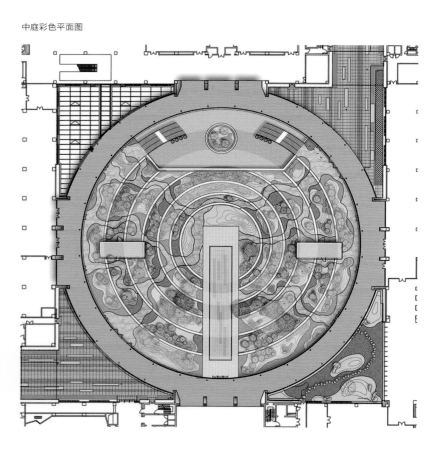

多层叠加分析图

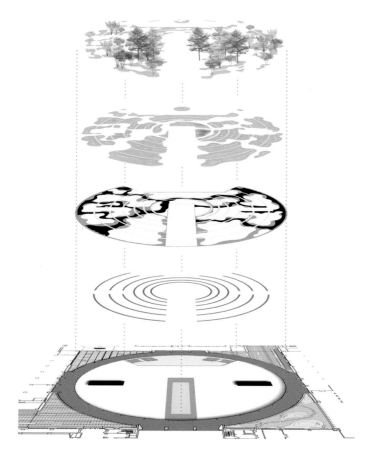

京东集团总部位于北京市大兴区亦庄,总设计面积43,100平方米,是易兰从方案到施工图全程设计的景观项目。京东集团(JD.COM)作为中国最大的自营式电商企业,为居民创造了一个崭新的网络与数字化天地。因此,京东集团总部的景观设计围绕企业文化的内涵,以"e江南"为主题营造品味高雅的文化环境,将"电子科技"与"古典园林"相结合,在中国古典园林深入人心的意境中加入了实用功能和科技元素,彰显当代属性同时保留了一份文化记忆。设计在继承古典园林营造意境的基础上,创造出符合现代人生活的清新、简约的表现形式。设计中大量使用简洁的造型元素,创造出供员工和游客休憩、交流和活动的户外空间。整个区域交通流畅、功能明确。新的造园技术和造园材料得到运用,设计师使用管理简单的乡土地被,在提升景观效果的同时降低了后期管理的成本。

同时,项目创造性地将京东总部附属绿地与周边市政绿化带进行一体化设计,打造满足当代功能需求的城市公共开敞空间,场地设计充分与周围环境渗透互融。京东集团总部的主体建筑占据着场地的中心位置,整个建筑由若干长方体组合而成,造型简洁,充满现代感。设计师从建筑外立面的肌理提炼出条形元素,进一步衍生出由一系列有韵律和节奏感的条形元素构成景观基本架构,这一元素被融入该设计的各个方面,包括整体形态、地面铺装、景墙与城市家具。在整个场地设计中设计师将条石铺装与绿地相互交错,完美的融为一体。

挑战与目标

京东商城总部位于北京亦庄,红线范围内面积2.9公顷,易兰从方案到施工图全程设计。京东商城是中国著名电商企业,因此设计以"e江南"为主题,将"电子科技"与"中式园林"相结合,在中国传统名园深入人心的意境中加入了实用功能和创新的科技元素。

该项目创造性地将京东总部附属绿地与周边市政绿化带进行了一体化设计,从五个方面入手,全面体现了陈跃中先生"当代人文园"的设计理念。

建筑与环境的融合

京东商城总部的主体建筑占据着场地的中心位置,整个建筑由若干长方体组合而成,造型简洁,充满现代感。设计师从建筑外立面的肌理提炼出条形元素,进一步衍生出由一系列有韵律和节奏感的条形元素构成景观基本架构,这一元素被融入该设计的各个方面,包括整体形态、地面铺装、景墙与城市家具等。

于现代环境中追求文人的意境

"e江南"为"忆江南"的谐音,设计以传统园林中常见的影壁、翠竹、条石铺装为灵感,将江南古典园林的造景手法与现代园林结合。通过影壁围合,既遮蔽了设备,又形成大小错落、可分可合的空间。通过步移景异、小中见大的造景手法的运用,营造出生动有趣的办公空间。依据位置与功能的不同,设计团队将场地分为"宾至""通幽""林静""芳汀""灵泉"等区域。每个区域在功能有所区分的基础上,力图展现出不同的人文意境。

清新、简约的表现形式

设计在继承古典园林营造意境的基础上,创造出符合现代人生活的清新、简约的表现形式。设计中大量使用简洁的造型元素,创造出供员工和游客休憩、交流和活动的户外空间。整个区域交通流畅、功能明确而不失古典意境。新的造园技术和造园材料得到运用,设计师使用管理简单的乡土植被,在提升景观效果的同时降低了后期管理的成本。

中国,北京

京东集团总部景观设计

易兰规划设计院／景观设计

建成时间:
2016年
面积:
43,100 平方米
项目委托:
北京京东世纪贸易有限公司
摄影:
易兰规划设计院,林一
获奖情况:
2016北京园林学会优秀设计一等奖
2016美居奖中国最美公共景观
2017年英国景观行业协会BALI(British Association of Landscape Industries)
国际景观奖

总平面图

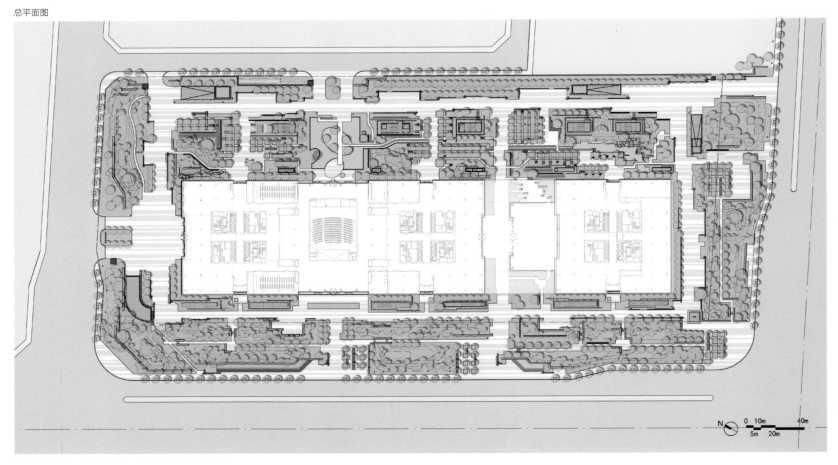

N 0 10m 40m
5m 20m

色彩与符号的运用，体现东方的韵味

正红色既是京东集团的标志性颜色，又是体现古典韵味的"中国红"，京东总部的座椅、灯柱、树池等户外家具均使用这种颜色，在郁郁葱葱的植物背景中，显得十分醒目。景观小品的造型别具一格，体现东方情趣。

人工与自然元素的互融

人与自然的融合，空间的交互，体现"天人合一"的哲学思想，也是中国文人的内心诉求。设计师将条石铺装与绿地相互交错，完美的融为一体。早园竹被大量运用，以塑造古典而优雅的文人意境，狼尾草和细叶芒等乡土植被为场地带来了几分自然与朴拙之美，紫丁香等芳香植物则为员工和游客提供了全新的景观体验。

建成时间:

2016年

面积:

69,000 平方米

摄影:

SWA集团

中国,上海

上海舞蹈学校

SWA 集团 / 景观设计

设计手法

　　拟建上海舞蹈学校的景观设计强化了大楼建筑的优雅、曲线形态,同时明确了清晰的室外空间和连接通道。此类景观元素以带状曲线的铺装、树林和绿篱、座椅和喷泉贯穿场地,表达了动感十足、由运动驱动的项目主题,将各功能区连为一体。

　　虹桥路的到客入口将来自街道和地铁站的客流迎至学校的综合体内。此处的中央广场形成主要仪式空间,将主要大楼连为一体,设有大型互动喷泉和特殊铺装(戏剧用椭圆形)及进入剧院的入口。喷泉的东西向布局将游客们引至学校的公共入口;此外,还可关闭喷泉,为大型公共聚会提供额外户外空间。种植的树木通过附近城市公园更为自然的景观与中央广场相连,同时为两幢较小的原有建筑物提供树荫和架构。中央广场向南与延安西路相连,更密的树林为应急车辆/公交、地下服务和装载入口提供缓冲区。虹桥路城市广场沿西北向将中央广场与现有地铁站和更广阔的上海城市肌理连为一体。综合体内的中央广场也与西侧3、4号楼和东侧1、2号楼围成的若干二级广场相连。成排树

木、绿篱、喷泉和穿过此类广场的散步道有助于将西区宿舍、演播室和其他学校内相关功能区与东侧更大公共剧院空间和城市公园相连。地平面切割石材的线性图案进一步表达了与舞蹈艺术相关的流线、优雅和"动态的诗"之品质。

　　沿东西向散步道的一系列较小庭院和广场围合成若干室外演出和聚会空间,有助于融合原有结构。下沉花园能让光线进入低层就餐区,从内部看到美不胜收的景致,本地树木形成四季彩色。每幢新建大楼均有一个下沉庭院,满足大楼内与活动有关的单项功能。1号楼下沉庭院设有露天剧场座椅和由竹林围成的室外演出舞台。2号楼庭院设有由底层通往以园景树为中心的和平雕塑花园的优雅"灰姑娘楼梯"。3号楼小广场区包括为青年学生营造动态空间的踏步、坐墙和露台花坛,同时4号楼的斜坡草坪形成非正式座椅,并与开花树木花园相连。 穿过东西向散步道的南北向小道在3、4号楼与1、2号楼之间形成直接通道。此类小道在穿过大楼附近的下沉庭院时,变成了人行天桥。在整个场地中,景观的分层和蜿蜒形态构成室外街道至综合楼室内空间和大楼入口的渐进过渡。

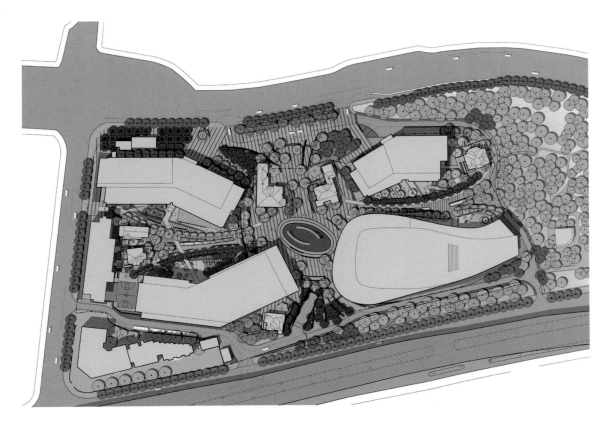

总平面图

可持续手法——景观

景观设计通过保留的众多树木，实现了项目的可持续性，同时增加了贯穿场地以形成树荫并抵消热岛效应的庞大树冠。景观设计满足开放空间和绿色空间的要求，实现有效的现场雨水过滤和地表水回灌。选用的耐旱、适应性强的绿化植物将较好地适应城市气候和生态。

·拟建上海舞蹈学校的景观设计强化了大楼建筑的优雅、曲线形态，同时明确了清晰的室外空间和连接通道。此类形态贯穿场地，表达了动感十足、由运动驱动的项目主题，将各功能区连为一体。

·主到达广场的踏步、铺装、绿化、艺术和水景之独特布置将街道和地铁站的客流迎至剧院区。主广场包括面向街道的仪式空间和综合大楼内的亲密空间。

·除主广场外，一系列较小庭院围合成室外演出空间，有助于融合原有建筑物。舞蹈学校和宿舍南、北侧的下沉花园能让光线进入低层，从内部看到美不胜收的景致，本地树木形成四季彩色。

·舞蹈学校与宿舍之间的一条弯度平缓的中央散步道将西侧主广场与东侧现有公园连为一体。另有若干东西向景观形态通过成排树木、绿篱、喷泉和连接剧院、宿舍、舞蹈学校与公园的小路，与该正规走道形成呼应。屋顶花园通过带状地被、绿篱、长椅和树木，强化了流动、优雅的景观特征。笔直的小道和成排树木从南至北分布于两条道路之间。沿项目南侧边缘的景观形成服务区和停车场入口的缓冲带，同时将游客们引至下客区。

·东区景观设计保留了原有公园，增加了一片圆形树林，形成单一的中央开放空间。在整个场地中，景观的分层、蜿蜒形态构成室外街道至舞剧院综合楼室内空间和大楼入口的渐进过渡。

·景观设计通过众多树木保留了原有公园，实现项目的可持续性，同时增加了庞大树冠，以抵消热岛效应。大片绿化区超出规定的最低绿化率，实现有效的现场雨水过滤和地表水回灌。屋顶花园有助于吸收并减慢雨水，利于大楼保温。选用的绿化植物将较好地适应城市气候和生态。

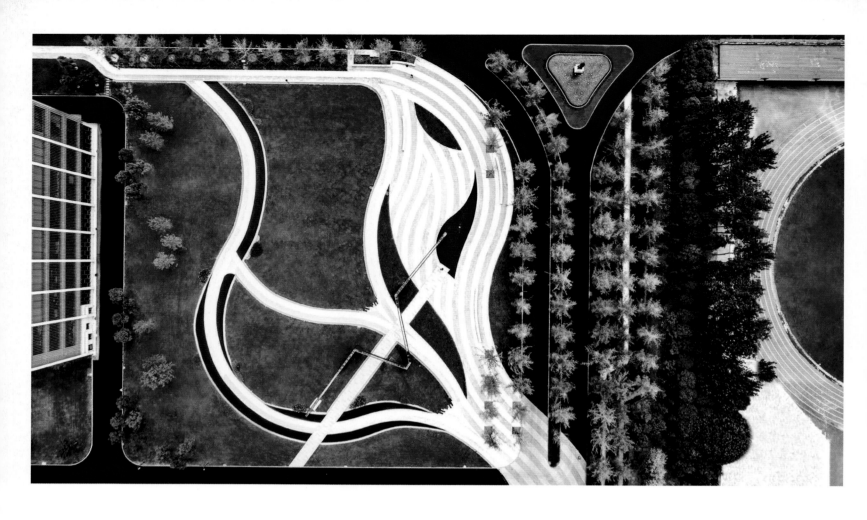

建成时间：
2016年

面积：
154,222平方米

摄影：
胡明俊

中国，聊城

聊城东阿阿胶生物科技园景观设计

SED新西林／景观设计

阿胶生物科技园是目前国内中药行业最大和唯一的健康特色工业旅游产业园，是低碳、绿色、节能环保、微排、自动化全国领先的现代化中药、生物药、保健品生产基地。该项目以三千年的阿胶历史文化为载体，以健康旅游养生体验为核心，集生产研发、质量监控、工业旅游、体验服务等功能于一体。

文化创意和旅游的融合，是人类长期积累的重要经验。而在21世纪推动产业和城市双转型、发展创意经济、提升文化软实力的大背景下，文化创意和旅游的融合被赋予了全新的内涵。设计通过人工的创意设计，通过空间、小品、场景、氛围等的整体再创造，增加厂区的审美体验价值，同时提升场地的旅游价值。

办公楼是阿胶厂区的行政办公核心，前广场景观需提供一个严肃却又不失亲切感的环境，规整的排列可以体现严肃感，而水又可以提升亲切度，所以设计师通过铺装、镜面水、绿化这简单的三要素穿插组合，来达到这样的效果。

办公楼旁，设计师设计了一个像素概念的耐候钢板种植池，计划在每个方块中种植不同的草药，来体现阿胶生态养生的理念。在主入口端头的交通环岛我们放置了首次为阿胶名称给出明确定义的南北朝医学家陶弘景的雕像。

为了迎合阿胶"寿人济世"的企业使命，我们在主次入口重要景观节点设计了一条"生命水渠"，以异型廊架顶端与地面连接的一条往复循环的水系统来寓意生命的延续，以线性肌理的铺装配合镜面水池，形成丰富多变的引导性空间。博物馆周围为半开放的共享空间，通透的绿化中穿插着蜿蜒的自然水景，优美灵动。

访客中心前广场，设计师将建筑外立面几何元素演化为场地元素，以简约的色块像素为形式搭配草药植物来体现阿胶生态养生的理念。

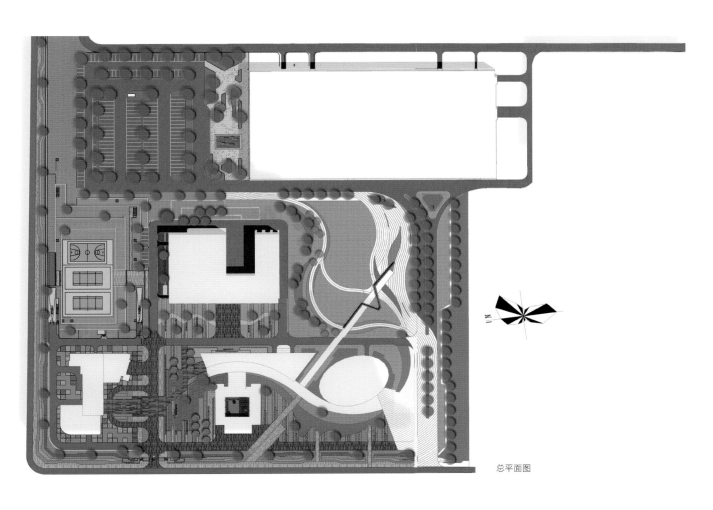

总平面图

 火烧面芝麻灰

 火烧面芝麻黑

 火烧面芝麻白

生命水渠设计语言

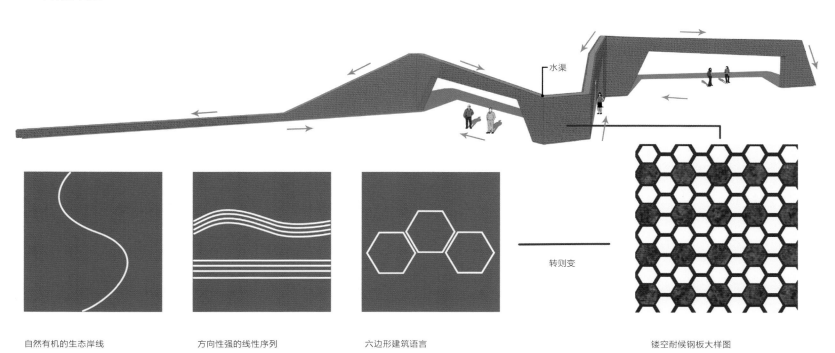

自然有机的生态岸线　　　　　方向性强的线性序列　　　　　六边形建筑语言　　　　　镂空耐候钢板大样图

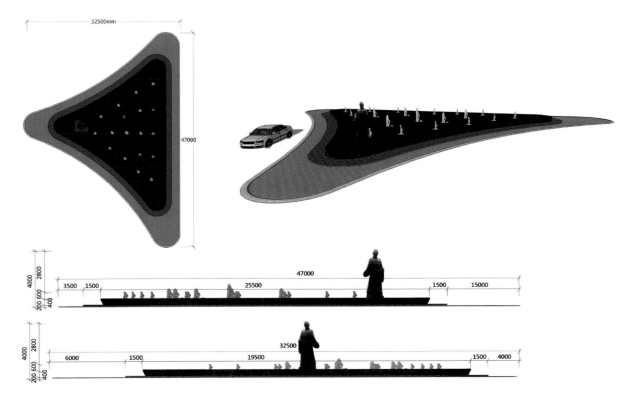

陶弘景雕像绿岛

中国，成都

成都·绿地之窗
商办综合体

会筑景观／景观设计

建成时间：
2016年部分建成
项目面积：
2.47公顷
摄影：
张海

　　项目是一个办公大堂前的景观艺术品，和建筑环境密切相关。设计团队从分析建筑出发，考虑大堂出入口、雨棚及雨棚柱点位置间的关系，确定了一种定性的对称关系。在整体的定性关系中，包含了几个二元关系，比如：雨棚柱是落在植物中的（柱与植物）；两侧各有一块水景是对位大堂出入口的（水与建筑）；水与柱子的倒影关系等。具体到跳泉在水池中的布置也是有考虑的。每个水池里有4个水点（2出2进），控制跳泉数量为双数，这样就能够保证跳泉开启时，每个水池的溢水状态是一致的。这个设计内在的逻辑是简单的，最终呈现的效果却是丰富的。

　　有些时候概念主导设计，但往往更多情况下可能是伴随着设计的不断深入，而从最初模糊的想法逐渐形成一个清晰明确的概念。这个项目感觉更接近于后者。最初的想法只是希望模拟四川的自然风光，传递蜀都文化。设计过程中，根据建筑条件和甲方诉求的变化，设计团队也尝试了多种可能性。后来伴随方案的基本确定，黄龙五彩池这个概念也逐渐清晰。最终的方案就是对五彩池特征的抽象提炼。本案是以黄龙五彩池作为设计概念，提炼了色彩（五彩斑斓）和形状（形态各异）两个特点。用质感和颜色都不一样的灌木来体现五彩斑斓；用不锈钢材质来控制不同的形状。

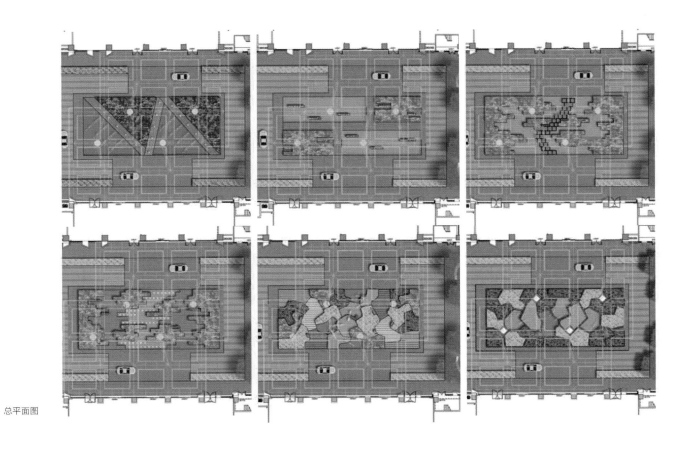

总平面图

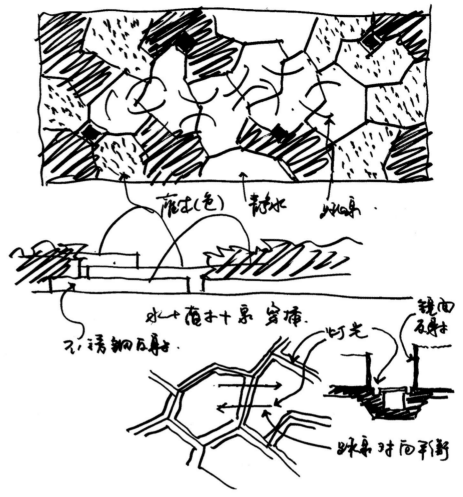

中国，深圳

招商局蛇口
网谷景观

深圳市东大景观设计有限公司／景观设计

设计时间：
2012年
项目规模：
4.5公顷
委托单位：
深圳市招商创业有限公司

概念主题

现代商务办公概念，室内办公的室外化，室内景观的室外化，在室外提供室内空间功能的延续，在自然的环境中给人们提供更多的交流休憩，商务办公的空间。

花园带给人：视觉的，味觉的，听觉的，触觉的，交流互动的各种空间……

概念结论：我们要塑造多种感官的商务景观办公场所……

景观设计架构

一个框架，三条廊道，六个场所。

一个框架

由南海大道及工业五路交汇所形成的城市界面景观。设计当中保留了蛇口现状市政道路的原有绿化风貌，对总体街道方案的统一化处理，形成对外展示的整体风貌。

三条廊道（贯穿项目的三条廊道）：

临街风貌展示廊

带状的热带植物配以蜿蜒曲折的小路形成廊道的主要设计元素，南海大道一侧，结合外围绿化，大型主题雕塑的设计与网谷其他片区相互呼应，使得此展示廊道成为第一道园区对外风貌展示的窗口，并借此隔离南海大道对园区的影响。

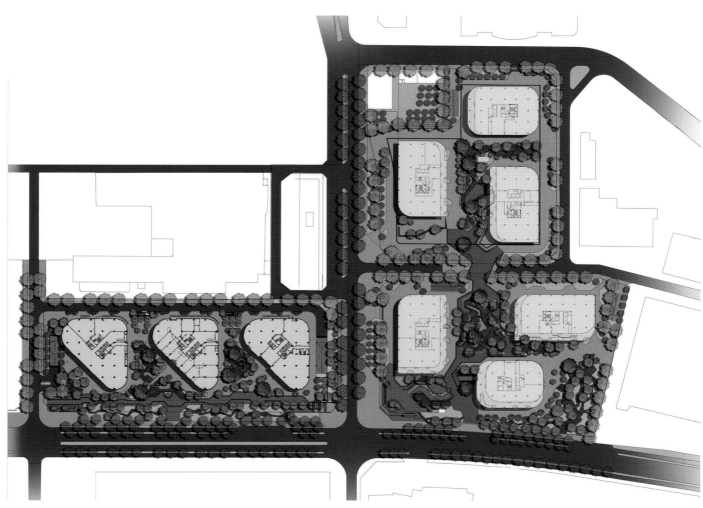

总平面图

中心时光通廊

中心时光通廊运用历史时代的印迹作为景观元素，设计整体的印迹地面并加以夜景灯带的强化提示，诠释宝耀片区的历史。在这片历史的印迹中，设计几个场所，提供驻足交往空间的可能。

空间缝合景观廊

结合规划道路及整体景观设计风格缝合由于市政规划道路割裂项目的完整性。

六个场所：

1.品味小站

此区采用下沉形式的围合小空间，点缀的静态水景，在围合的小空间中，设置户外小坐以及穿插的吧台，提供公共餐饮空间。

2.触感体验

地面的肌理纹路较为突出及立面推拉景墙形成一个肌理纹路比较强的场所空间。不同质感的硬质材料与植栽配合，引人触摸感受的欲望，创造质感丰富的休憩空间。

3.时代橱窗

标识性的雕塑墙面给宝耀工业区提供展示园区发展历程，以及重要时代印迹（华益铝厂）在立面空间上的诉说平台，通过肌理的质感处理，形成独特的立面景观。

4.水雾广场

水雾广场在室外酷暑环境中提供一种清凉的气息，也将人群聚集到这里来放松自我。包括带状的亲水空间，人造水雾喷泉，来塑造主要入口聚集人气，吸引人流的提示景观。

5.幻境

如同地面的深色浅水池，吸引游人一探究竟，当夜晚天幕降下时，水面中的灯柱散发各色光芒，向水面望去，自己的影像将倒映在水面上，水下又有动感的金鱼游动，双层空间，使人们走进幻境，体验另一类空间的乐趣及欣赏角度。

6.韵律之声

这里是一个以声音为主题的场所，通过高差设计一处流动的水系，在流动的水声背景下，并设计富有高差的表演舞台，提供了小型的音乐会和爵士乐表演的平台，在没有音乐表演时，每级水阶下设有音响装置，依然会发出悠然的声音。为此场所带来愉悦的声音和活力。

中国，厦门

361° 厦门办公大楼景观设计

深圳市东大景观设计有限公司 / 景观设计

用地面积：
约9,200平方米
摄影：
深圳市东大景观设计有限公司
业主：
361°

此次设计为361° 厦门总部大楼办公区及周边市政景观一体化设计。建筑为造型现代的九层办公大楼，内部容纳了361° 厦门的各部门工作人员多功能办公空间。

设计重点
1.环建筑一周设以生态自然的绿化布置。
2.合理解决交通疏导与停车功能。
3.以水景为核心，结合景墙车库入口重点打造入口形象。
4.以绿化取代围墙，融合市政空间绿化一起打造和谐绿色空间。

设计初期与湖里区经济开发区管理办公室的多次协调沟通，将办公红线外围市政绿化一并纳入设计范围。一改传统的公私区域各自为政的局面。使办公区域与市政区域在空间上呈现和谐共存的整体形象感，空间设计上，隐围透绿，对该区域空间氛围的营造起到至关重要的作用。同时也为湖里开发区未来形象空间格局发展，奠定了良好的基础。风格设计上，迎合建筑风格，铺装的黑白色调让整个空间看上去爽朗清澈。柔和曲线的平面划分，与棱角分明的建筑立面形成对立，刚柔并济。

项目从设计初期概念沟通开始到深化设计方案，从材料选定再到施工进行中的工艺把握都得到了业主方全程关注和支持。大到设计理念定位，小到铺装缝隙宽度，都经过多方的层层比对和把关。势在打造开发区内，独一无二的办公与市政共享空间。

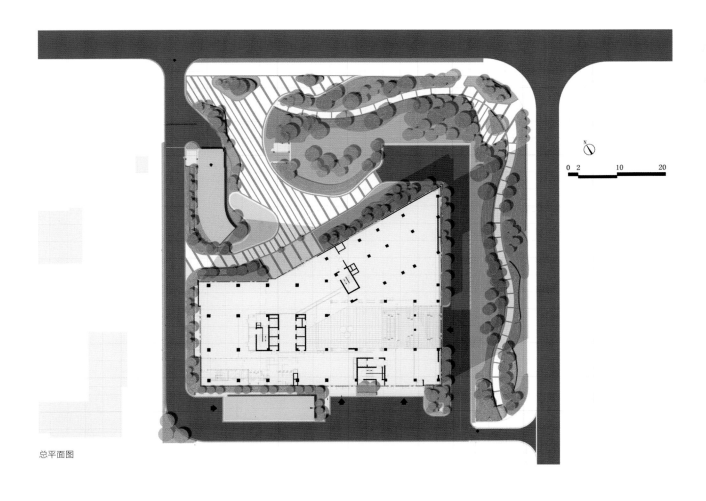

总平面图

设计重点阐述

入口设计：入口将大门、车库、市政人行空间进行了优美曲线形融合设计，车行与人行通过绿岛分流，彼此借绿借景，又不相互干扰，井井有条。简约的黑白条纹地面铺装与办公大楼入口垂直，自然成为人行流线引导方式，与周围曲线的景观边界形成强烈的视觉对比。

核心水景设计：此设计采用了静水设计方式。静水是现代水型设计中最简单、最常用又最宜取得效果的一种水景设计形式。室外筑池蓄水，或以水面为镜，倒影为图，反映出周围的倒影，丰富了景观层次，扩大了视觉空间感。使人恬静舒适，心旷神怡。溢水处的整石，经过严苛的精工打磨、找平，最终形成全线饱满溜圆的边界效果。成为此水景实施成败的重要标准。

绿地设计：实现绿化围合包裹是业主的诉求，因此在设计上，摈弃以往传统硬质围墙的空间割裂，全部采用绿植的组合搭配来实现这个目的。办公区入口及视线集中的对景区域选择优质全冠造型苗木，进行组合搭配；权属内部的绿地与市政公共绿地空间统一地形处理，和苗木品种搭配，绿化空间延伸感不受界限制约，实现视线空间共享。内部和外部景观一体化。外部人行道一改常规的直线路径，采用曲线路径结合地形布置，乔灌木及地被组合搭配，形成移步换景，进退有序的市政步道空间。

建成时间：
2016年
面积：
40,000平方米
摄影：
HWA安琦道尔
业主：
朗诗集团

中国，湖州

长兴·朗诗·绿色建筑研发示范基地

安琦道尔（上海）环境规划建筑设计咨询有限公司／景观设计

本项目位于浙江省湖州市长兴县，当地旅游度假区的综合服务片区内，是该片区内最先开发的一个项目。地块地势平坦，东北侧隔太湖大道紧邻太湖，西北侧为酒文化中心，东南侧五千米左右建有希尔顿饭店及喜来登宾馆。基地北侧小河将改造成12米宽的小河景观带。

作为中国领先的绿色科技地产开发和运营企业，朗诗集团长期实施绿色科技差异化发展战略，成为绿色科技建筑领域的领导者与风向标。2010年将目光瞄准位于太湖西南岸的长兴，投资2.2亿元打造国家级绿色建筑技术研发基地。该基地面积为40,000平方米，共分两期建设，目前，一期已基本建设完毕，二期也已启动建设。作为国家级研发基地，基地落成后具备绿色建筑整合设计、建筑节能、环境保护、建筑智能化、可再生能源开发利用、建筑装修装饰一体化和各种部品的测试和试验等能力，并提供会务、培训和展示一体化的服务，其规模位居同行业第一。

基地建筑以朗诗绿色理念为中心，以建筑本身为研究对象，在建筑外立面及内部采用先进环保生态新技术，追求低能耗示范，打造中国的"弗劳恩霍夫"。不同于一般园区的平坦，禁锢的风格，也不拘泥于单纯的办公模式，更不照搬纯粹的西方模式，本着国际性的前瞻眼光，利用创造性思维和大生态观念探索一种新的景观可行性。

雨水的足迹

城市发展中，人与水一直寻求着一种协调的平衡。一方面是城市的水资源缺乏，一方面是惊人的可利用雨水量。留住雨水，不辜负自然的恩赐。

雨水收集渠：保存和处理建筑物顶的雨水，将雨水引入收集渠，经过微生物和植物净化，最后渗透到地下。参观者也能自然的被这里的景观所吸引，开始观察水从屋顶到水景观的雨水足迹。

蓄水花园：低洼的地形，在雨季形成了天然的生态池塘，并将多余水量存入地下储水系统，保存雨水，经过净化过滤可循环使用。

透水铺地：透水砖具有强度高、不褪色．透水、保水等优点；"竹木"生长周期短，是真正的可持续发展环保建材。

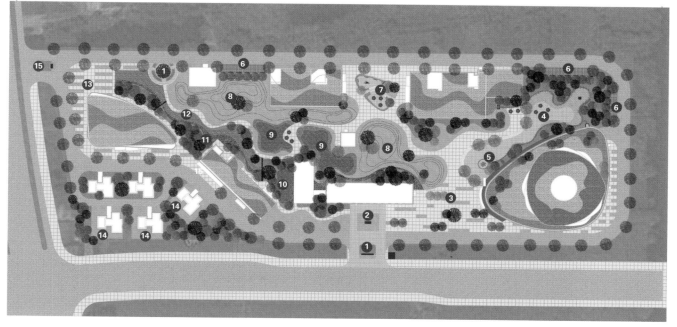

总平面图

1. 基地主入口
2. 入口广场
3. 阵列广场
4. 中心下沉广场
5. 雨水溪流水景
6. 地面停车场
7. 露天休闲空间
8. 地形阳光草坪
9. 集水中心湖面
10. 荷花池
11. 生态石带
12. 水生植物绿化带
13. 阵列广场
14. 别墅庭院示范区
15. 基地次入口

中国，东莞

东莞联科国际
信息产业园

新加坡贝森豪斯设计事务所／景观设计及施工

完成时间：
2016年
面积：
30万平方米
摄影：
罗志宗
业主：
中天集团

联科国际信息产业园位于东莞南城水濂山片区，占地30万平方米，背靠水濂山自然风景区、东莞植物园等自然资源。在市政规划里，该片区将以建设市级生态公园（水濂山生态公园）为核心，发展成为以生态旅游、区级行政中心为主导功能兼顾生态居住、高科技产业及文化教育功能的生态保护型城市发展区。

联科国际信息产业园作为广东省重点项目及东莞市"三重"项目，被誉为"全国最具发展潜力产业园区"，是广东中天集团在华南打造的创新科技产业地标，园区集创业孵化、科技研发、总部经济于一体，是一个创新集聚、科技集聚、资本集聚、人才集聚的高端信息产业集聚区。

一个好的园区，开每一扇窗都会是一个相框，能看到一幅甄选过的风景。在设计之初，中天集团就提出"结合自然环境，打造现代产业园区典范"这一标准。如何与原始生态环境共生，在充分保护和利用自然山景和水景的前提下充分打造园区，使园区在成为风景的同时，融汇园区集会、企业活动、休闲娱乐、商业需求为一体，突出园区特殊展示性效果，满足现代企业之间的有效交流与互动，形成新生代一体化园区企业，实现"公园里的生产力"，成为景观设计考虑的重中之重。

设计以现代构图为创意原发点，追求整体空间环境的营造和精致的细节处理，将现代办公与自然生态环境相互融合，以自然生态元素，如水波纹理、树叶纹脉等衍生成景观语言及肌理。

联科广场作为园区的主要人行入口和形象的窗口，在景观处理上采用现代、简洁的线条构图，结合精致的细部处理，营造简洁、品质的入口空间形象。

为满足园区的商业需求，在广场上设置特色商业构筑物，将室外经营与广场有机结合，满足园区商业经营、企业对外宣传、企业与企业之间的交流、人群汇集等功能需求。

创想艺术空间设计上注重人文艺术的营造，通过精彩的铺装细节、构成性的景墙构筑、趣味化的艺术小品、丰富生动的植被，形成一个充满青春活力、具有艺术氛围的园区，让整个园区流淌着艺术之风。

贯穿南北的景观通廊在设计上以生态为基础，通过枝形挺拔的植物阵列种植，加上构筑、景墙及坐凳小品，形成景观方向的导向及延伸。设计将此赋予动感，通过色彩韵动感，吸引更多的人来此参与体验，实现真正的景观艺术大道。

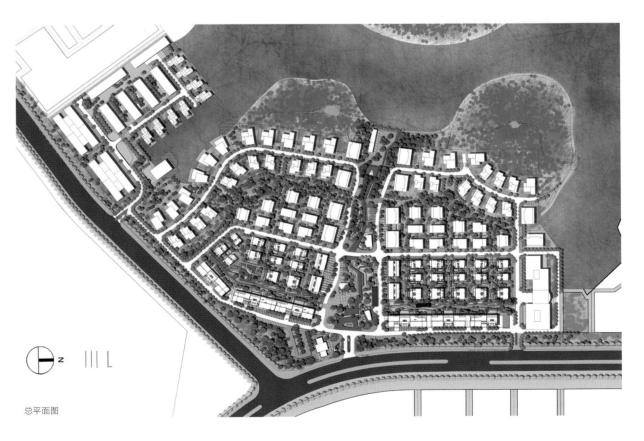

总平面图

　　在园区的建筑和道路之间以及建筑与建筑间，留有大片的绿化空间。这一设置，让西面优越的自然景观能为整个园区所共享的同时，通过公共庭院、半公共庭院、私密庭院等系列的景观序列，带给园区办公的企业不同于一般城市高密度办公空间的花园式办公感受。

　　在植物设计方面以"生态办公、四季有景"为指导思想，种植适合南方生长及与风格环境相对应的植物，空间布局收放有致，自然式的搭配种植，根据植物的色、叶等差异做不同层次上的处理，观赏与功能一体的现代园区景观空间，给人清新自然的生活氛围。

中国，厦门

厦门航空商务广场

深圳市万漪环境艺术设计有限公司／景观设计

完成时间：
2017年

景观面积：
7,000平方米

摄影：
深圳市江河摄影有限公司

开发商：
厦门航空投资有限公司

基地位于厦门岛北部航空港经济圈，近邻杏林大桥、厦门大桥、集美大桥、翔安海底隧道四大出岛通道，毗连嘉禾路、成功大道、环岛干道三大南北干道，是厦门中心、联系岛内外的城市交通枢纽地。成熟的大交通条件必然迎来如日中天的发展大跨越，随着大厦门岛内外一体化建设的推进，岛内第二产业的外迁，岛内外商务联系更加紧密。作为联系岛内外的枢纽区域，片区的商务氛围将快速形成。

项目凭借生态型办公环境取胜，以"简洁、大方"的景观设计理念为指导，充分利用现有地形，与建筑简洁清新的风格相协调，并结合周边城市景观，营造出自然、休闲的办公氛围。整体一致的设计风格贯穿每一处空间，创造了璀璨的厦门产业新地标。

办公区目标人群为年轻白领，景观设计需要实现对品质感、功能性及舒适惬意感的追求。设计师以此为出发点，力争创建一个宜人的、适合公共活动的庭院尺度空间。充分利用架空层通道及二三层公共观景平台，将有限的空间分割成多个小块区域，如广场入口有水景涌泉区，中心区域为庭院转换空间，以及左侧的户外休息空间。

景观细节例如铺装材料和小品设计方面设计师也都精心考量，铺装材料的选择上注重整体大气和统一，景观小品及其他景观元素设计中，主要突出时尚、简洁、趣味性。庭院植物以热带树种葫芦树、鸡蛋花、槟榔为主，点缀简洁明朗的小乔与简单的地被形成的上下两层结构，突出植物在阳光下斑驳的光影效果。

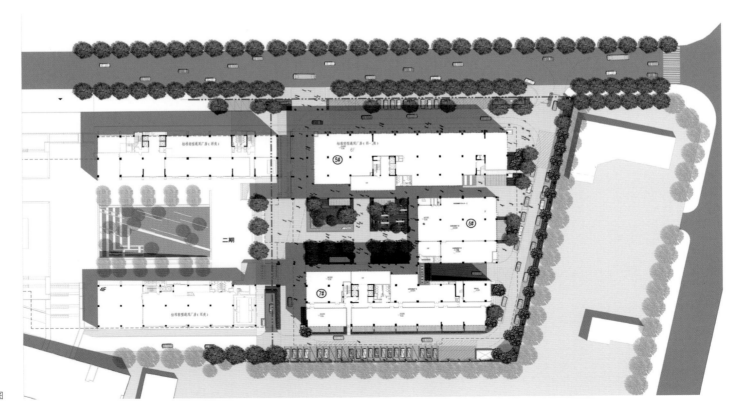

总平面图

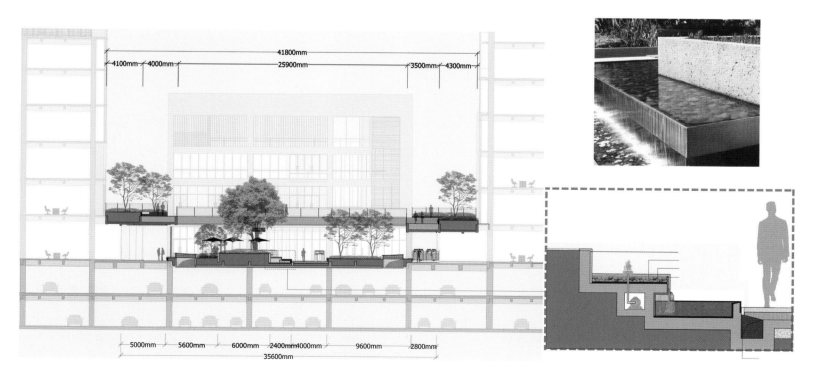

剖面图

中国，厦门

厦门航空自贸广场

深圳市万漪环境艺术设计有限公司／景观设计

完成时间：
2017年

景观面积：
25,000平方米

摄影：
深圳市江河摄影有限公司

开发商：
厦门航开投资有限公司

该项目总建筑面积约7万平方米，规划有展厅以及4栋板式写字楼，S形的灵动花园设计，延续花园式生态商务群的开发理念，为办公人群提供更加精致、舒适、生态的空间，旨在打造成自贸区标杆商务楼。

项目地块在规划设计的厦门航空港工业与物流园内，位于厦门岛东北角的高崎国际机场附近，港中路北侧，鳌山路东侧，占据了靠近大海的有利位置，依托高崎国际机场，为物流仓储提供了有利条件。

建筑设计为现代风格，立面元素相对统一，强调垂直向的韵律与质感。景观设计同样延续为现代风格；同时，融入项目周边环境元素及人文元素，使项目整体风格统一协调。

根据项目定位，提炼现代艺术元素，对应建筑线，动感、优雅贯穿整个场地曲线流动清晰的开放空间，强调空间的体验性，侧重打造简约和休闲感，以独特的停留和参与空间吸引人们，营造一个充满现代都市气息的商务办公区。

屋顶花园充分体现精致与个性，符合现代人的生活品位。设计手法简约却不等于简单，经过深思熟虑后得出的设计和思路的延展，不是简单的"堆砌"和平淡的"摆放"，强调功能性设计，线条简约流畅。

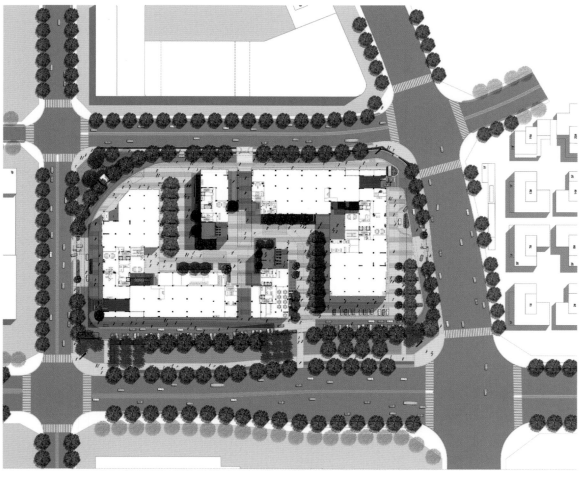

总平面图

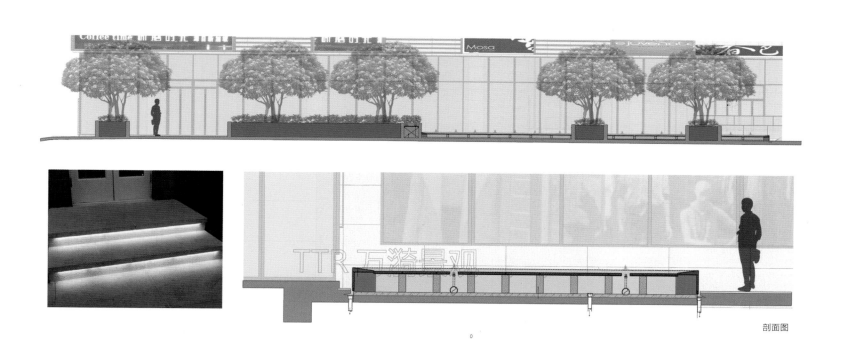

剖面图

—— 居住区 & 别墅

开发商：	软景硬景比例：
泰康集团	7:3
设计面积：	绿化率：
48,589平方米	74%
项目时间：	
2016年	

中国，广州

广州泰康之家·粤园

SED新西林／景观设计

项目位于广州市近郊萝岗区长岭居板块，是广州政府规划的新功能区。距离市中心30分钟车程，周边是甘竹山公园、香雪公园、天鹿湖森林公园，堪称广州天然大氧吧，独具优渥的自然环境，生态景观资源丰富。项目的定位是集高端居住、研发总部、疗养度假、运动休闲等功能于一体的大型综合高端医养社区。

养老景观空间规划中存在的问题

1.空间布局简单，缺乏层次，功能分区混乱，活动空间较少；

2.绿地占有面积少，绿化设施不系统，且植物的种植形式单一，品种较少，缺少视觉上的美感；

3.生活配套设施较少，只考虑基本功能性的满足，未考虑到老年人心理和生理的特殊性；

4.缺乏相应的安全措施，对于老年人群会带来一定的安全隐患。

中国老年人的特点

生理特点：随着年龄的增加，行动能力逐渐下降，伴随出现视力下降、听力下降、感觉迟钝、记忆力减退等症状的可能性。

根据建筑功能的不同合理设置景观节点

SED根据建筑功能的分布以主入口中轴为界，将整个园区分为主入口、东粤园、西粤园三大部分。

东粤园内设有专业护理楼，说明这里居住的老人都是需要协助生活、特殊照顾的。SED团队根据此情况在园区内并没有加入太多的硬质元素，而是设计了大量的植物空间、道路多用简洁流畅的线条，以及一条贯穿整个园区主要楼栋的风雨连廊。

疏林草地空间的微地形绿化搭配曲线优美的木质平台成为东粤园的视觉焦点，并在沿线设有假山和自然水景，将少量硬质景观与风景园林融为一体。

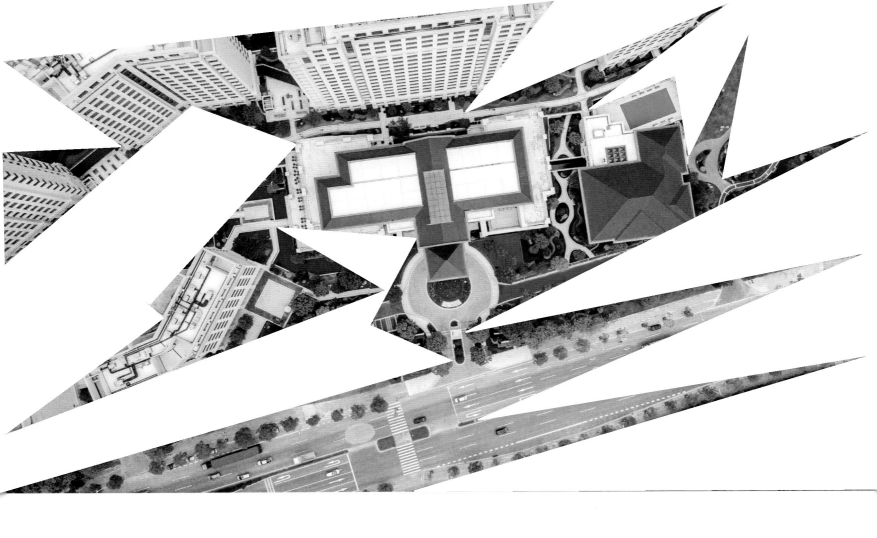

总平面图

设计团队将原先场地的四棵百年荔枝树保留下来,打造成一个原生态荔枝林景观,为这块场地赋予了更多的意义。

疏林草地内部以大量的草坪及植物组团,营造出一个具有天然氧吧的绿色空间。考虑到老年人的身体特征,长时间行走或站立会感觉身体无力,沿着园路及休闲活动场地每50米间隔设置座椅,并采用木质材质,温度和质感都极尽体贴。

贯穿园区主要楼栋的风雨连廊分为上下两层,为老人们穿梭于各个楼宇提供了一个便捷的快速通道。而对于孱弱的高龄者来说,将自己完全暴露于户外的环境中是很不舒服的,下层连廊便为这些老人提供遮阴庇护的作用,而上层的花园走廊则成为了观赏园区风景,午后散步的首选地。

西粤园主要为独立生活区域,住在这里的老人大都身体康健,在景观上,设计团队设计了环绕主会所的大面积水景,利用叠水瀑布结合种植池形成高低错落的景观,从而形成富有变化的景观层次。为了最大限度的保证居民的活力生活,满足居民对文化娱乐、运动健身、社会交往、精神实现的生活需求,设计了环形跑道、树阵广场、健身场地等功能性场所。

关怀性设计

老年人从自己家到一个新的环境,需要跟大家一起生活,相互交往,慢慢走近,这就需要有一个过渡期。

设计团队结合项目室内色调,采用暖色系浅色调来定位项目整体的景观主色调,暖色调可以给人以心理抚慰,起到舒缓情绪,容易让人亲近的作用。而一些精致小景的布置,也可以让人身心愉悦。

根据该项目的特殊性,团队设计了更细致的绿化空间,因为人们不论在何地都更愿意多处在健康自然的绿化空间中,好的植物搭配更可以愉悦身心,协助老人积极的进行康复治疗。

设计团队的前期植物研究着重于生态、养生、味性方面。社区整体植物风格定位是现代自然+岭南风情,植物品种大多数是因地制宜的选择当地长势良好的树种,在植物层次上尽量简洁干净,整体植物的色调上趋于淡雅,让人有静心放松的感觉。老人受限于身体灵活度,更需要通透的空间营造轻松、自然、舒适的环境,同时考虑到老人在园内摔倒的情况,植物更应该谨慎选择。整体植物注重营造轻松、自然舒适的环境,多采用形态自然,松散的植物,在

层次上尽量简洁干净，整体植物的色调上将趋于淡雅，让人有静心放松的感觉。品种选择上，侧重于选用常绿、保健植物为主。

老年人行动能力差，缺乏安全感，希望与人交流，为此设计也针对老年人的一些特殊需求做出了一些便利性设计，虽然这些设计还在建设当中，但是我们还是希望与大家分享。

结语

在康泰之家·粤园的设计中，更重视老年人的行为习惯与心理感受。老年人对自身安全的维护能力相对较差，平衡感较低，社区环境的优化对老年人的身体起到良好的养生和预防疾病的作用，好的景观设计不仅为老年人提供了完善的生活设施，也为他们带来了赏心悦目的良好心情。

建成时间：
2016年
景观面积：
10,554平方米
摄影：
水石设计

中国，福州

福州金辉
"十六山房" "上下"

水石设计 / 景观设计

这是距离福州城市核心最近的顶级别墅区；这是三面环江、四周层峦叠嶂的宜居福地；这是基于多年来打造高品质住宅社区的经验，并不断做出创新与改善，力求打造出建筑美学与生活品质完美结合的作品。本项目深探福州坊巷文化，以"三坊七巷"为蓝本，强调与自然的和谐共生，意在打造山水宜居新格局。

区域环境

本项目位于福州市仓山区南台岛西北角,由闽江、乌龙江夹拥，三面环江，四周群峦叠嶂，地理位置优越，自然资源得天独厚。

设计亮点

景观环境不只是人们欣赏的对象，更重要的是能较好地满足居住者的日常使用功能，从社区不同的人群考虑出发，设置不同性质的景观场所。因此景观设计在项目初始，就根据建筑的布局、人群的景观需求、消防场地等客观因

素的影响，提出"以三坊七巷为蓝本，打造山水宜居新格局"的景观概念，并以此概念贯穿高层区与叠拼别墅区的景观设计。设计提取"坊""街""牌""巷""院"等"三坊七巷"空间元素，定义从公共到私密的景观层次，打造逐层递进的山水空间和诗意的归家风景。

遵循"三坊七巷"的空间格局，在本项目中，我们将"主牌坊"定义为社区形象出入口，仿照南后街主牌坊四柱三间式格局进行设计，对人流车流进行统一管控；"街"定义为社区主要交通干道，联系各个入户空间，儿童游戏、老人康健、室外休憩、亭廊休闲等功能化场地，并同时解决消防问题；"牌"定义为每个入户空间的特色标志，起到空间转换提示作用；"巷"以其多变的空间尺度承担了多样局部的景的营造功能，让人生活其中也能在细微处感受到丰富的景色；"院"顾名思义即是高层住区的后院及叠拼别墅的庭院，庭院设计也是根据"三坊七巷"著名的花厅园林的特点，体现出当地喜山乐石的特点。

总平面图

中国，苏州

建发·独墅湾

山水比德集团／景观设计

设计时间：

2015年

完成时间：

2016年

占地面积：

10,000平方米

摄影：

曾先河

建发·独墅湾是苏州独墅湖板块最后一个地王，北临独墅湖，西接独墅湖公园，容积率仅1.50；尽揽一线湖景风光，生态资源极其优渥。

深读传世礼制，溯源门第精神，建发·独墅湾大起于湖，大隐于市，以三晋门仪，呈演儒、道、禅三重境界，复现中国千年望族风范。

山水比德深谙苏州园林其中真意，取法四大苏州园林经典元素，融汇千载精粹于一园，敬献苏州一座东方门第。该案以苏州园林为蓝本，结合现代的造园工艺，运用框景、对景、漏景、夹景、透景、障景等设计手法，力筑一方具有文人情怀与气息的园林。

在项目的打造中，集萃了中国传统造园精华，打造三园七巷等组团景观，实现了人与自然、自然与生活的完美融合，为这片土地打造出一座最符合当代生活需求的东方院墅。

1. 唤醒骨子里的中国情结，诠释最本真的中式人文。

2. 秉承中国传统街、巷、院的空间肌理，打造纯正东方园林大宅。

3. 入诗、入画、入乐，臻享中式院墅的娴雅生活。

展示区平面图

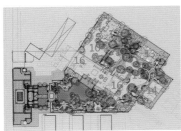

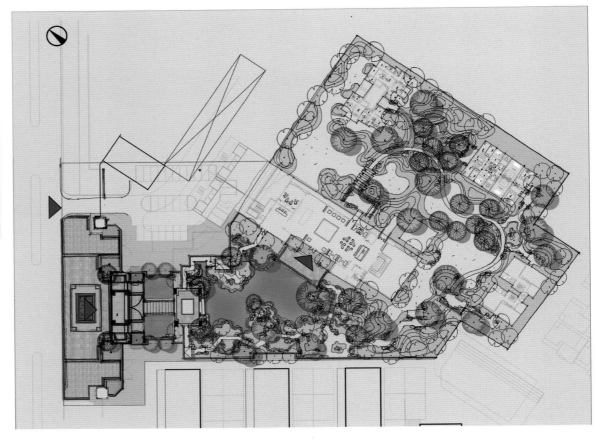

门之礼平面详解

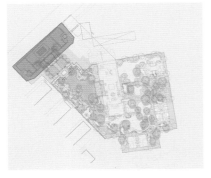

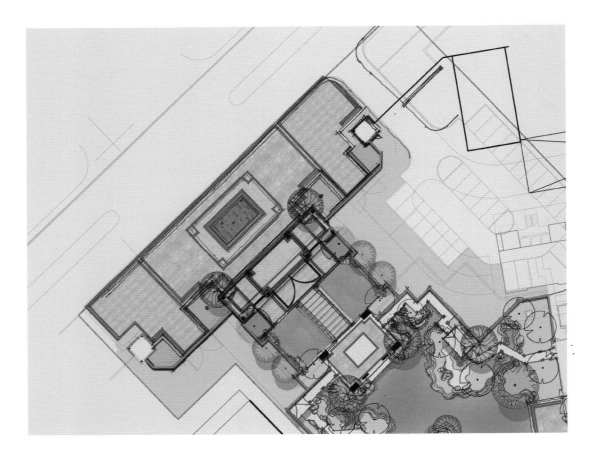

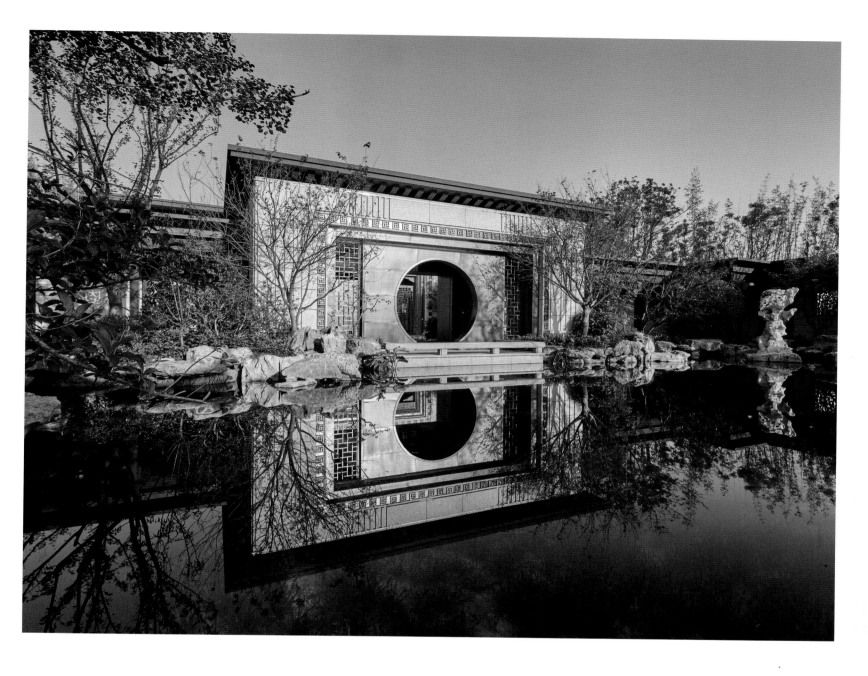

完成时间：
2016年
占地面积：
4,848平方米
摄影：
胡超

中国，扬州

万科·翡翠云山

山水比德集团／景观设计

万科·翡翠云山位于扬子江北路与司徒庙路交汇处，坐拥蜀冈瘦西湖风景区这片稀有地块，作为所剩不多的住宅用地，其生态资源较为丰富。项目东侧为万科第五园叠野，周边为万科成熟社区，区域内分布多为商业及学校，配套完善，交通便捷，地段珍稀。

翡翠云山沿袭了万科翡翠系的贵族血统，以盛唐文化为底蕴，是一个融合传统文化和当代设计工艺的艺术品。

通过扬州文化脉络的梳理，以及独特的设计思维，融合了江淮名士对于生活的追求，用景观之笔串联起扬州2500年的历史文化，让项目回归到"山水居住"的本意。将唐朝国之重器、玉石之王——翡翠，融入大宅府邸中，隐于湖畔别墅里。

有别于一般项目对于传统文化的表达，去芜存菁，摒弃了烦冗细碎的装饰

语言。我们认为，传统在每个当下都应该有与时代匹配的语言和审美表达。我们乐于用创新的思维展开对传统材料的探索。

光与影的营造——光影是建筑的生命，人通过光影变化体验时间的流动和不同的空间序列。静水面反射的格栅倒影让景观立面刚柔相济；设计来源于中式的屏风和府门，希望通过现代的手法突出府邸的属性。

绿地率达35%，共规划20栋住宅，创新院墅建筑面积段为143~165平方米，另外辅以少量洋房建筑，面积95~115平方米，诠释了瘦西湖畔的洋房概念。

项目在规划上属于中型小区，在小区东侧及南侧有约20米宽的景观绿化，形成生态隔离带，让整个居住区安静宜人。为了契合蜀冈瘦西湖的唐风气质，小区规划设计以盛唐礼制为核心，依凭"九宫格制"的皇家造园格局，力求通过5重礼制的打造让居住者浸染在浓烈的盛唐文化之中。

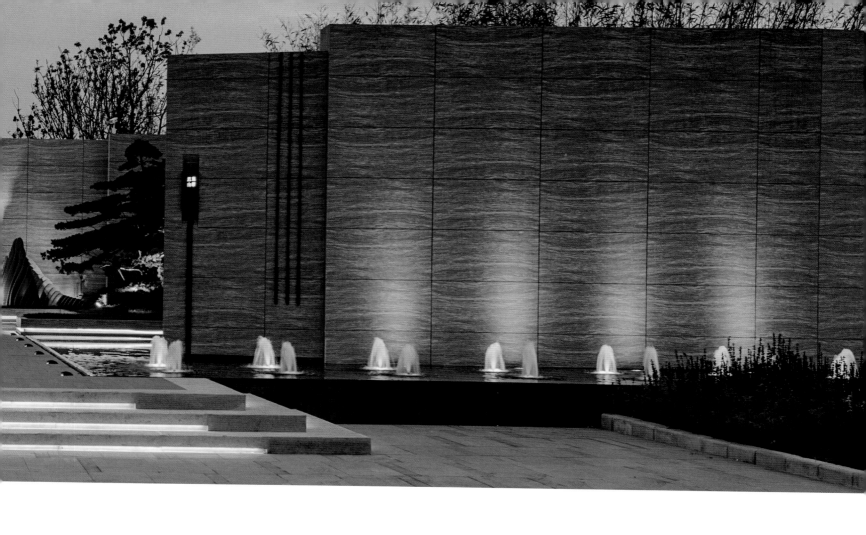

特色小品透视图 1

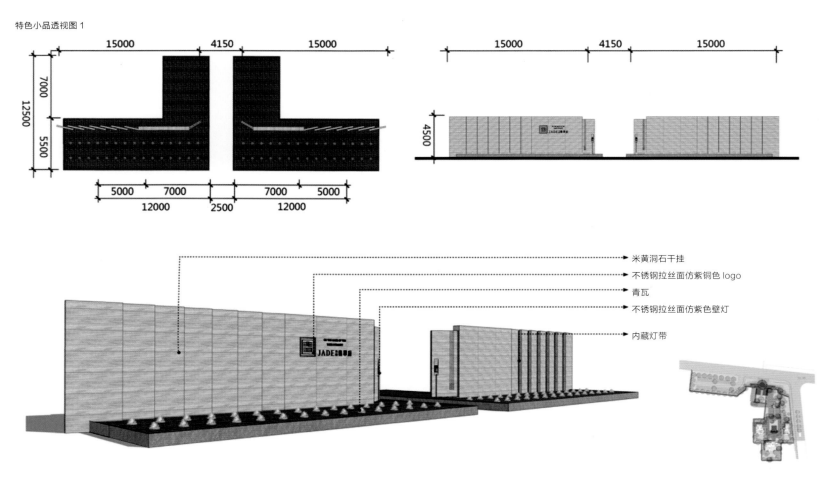

米黄洞石干挂

不锈钢拉丝面仿紫铜色 logo

青瓦

不锈钢拉丝面仿紫色壁灯

内藏灯带

特色小品透视图 2

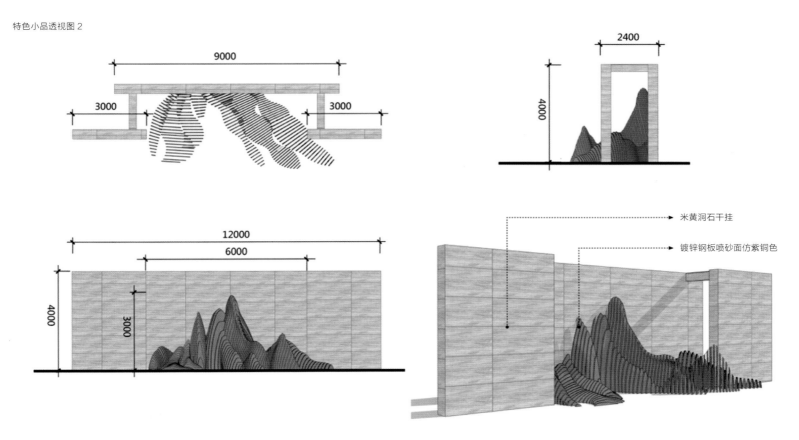

米黄洞石干挂

镀锌钢板喷砂面仿紫铜色

中国，北京

北京首创
天阅西山

奥雅设计北京公司／景观设计

建成时间：
2016年
景观面积：
约10,000平方米
业主：
首创置业
首席设计师：
李宝章
景观施工：
顺景园林

在"新中式"占据半壁江山的北京豪宅市场，如何能做到脱颖而出，成为奥雅接触到此项目所面临的第一个问题。设计要常做常新，回到当下。作为重视地域文化性的公司，我们选择在当下的北京寻找解答。

在经历了黄金十年之后的北京地产市场，渐渐从舶来的欧式古典，回归传统的中式景观发展到寻找属于自己的现代景观。尤其是天阅西山项目的客户群多为网络时代诞生的财富新贵，传统在他们的概念里更多是一种符号化的表达，当下的生活才是更被大家所重视的要素。所以"地域的文脉、现代的景观"成为本项目设计的支撑与起点。

空间。项目基地东西北三面环绕50米宽城市绿化带，体验序列由到达空间、售楼处前场空间和售楼处后场空间构成。从整体的动线上来说，我们希望是一个情绪与体验递进的过程。

到达空间。主要是售楼功能的梳理和现状绿化带的整改，我们摒弃了传统高塔的形式，而选择了更加内敛的横向景墙＋金属logo的做法。

一方面，参观动线上来车在路口调头才能进入体验区，在这快速通过的过程中，高塔反而很难起到视觉焦点作用。另一方面，横向构图的景墙更能在气质上与现状50米宽绿化带保持协调的关系。现状植物上我们保留了现场令人惊叹的杨树林荫道，并对车行道进行了必要的翻修。下客和停车区域的部分，在满足功能和造价的前提下，氛围的衔接和过渡成了最难处理的关键点。

因此，我们并没有采用样板区常用的多重绿化，以法桐树阵、国槐行道树以及樱花林来作为此片区绿化的基调。灌木上以简洁的单层绿篱来和花卉营造理性有序的空间氛围。为下一序列的展开进行铺垫与承接。

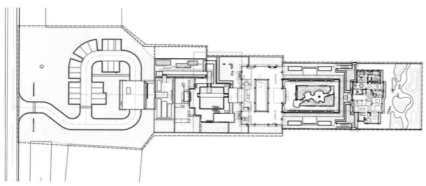

平面图

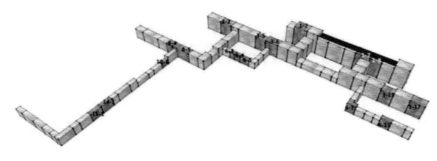

模型图

建成时间：
2016年
景观面积：
2,700平方米
摄影：
蔡俊

中国，重庆

重庆康桥融府紫苑

深圳市何小强景观设计有限公司（方案设计）、重庆承迹景观规划设计有限公司（景观施工图设计）／景观设计

重庆康桥融府是一个以别墅为主的城区高端楼盘，由融创和康田两家地产公司联手打造。因毗邻学校资源，项目定位以学府文化为主，又取两家公司名称嵌入，成就"康桥（剑桥Cambridge）融府"这样一个极具文化沉淀和想象的名字。

而"康桥"，经诗人徐志摩的妙笔，已成为中国人心中最具浪漫情怀的学府代名词。

我们认为按照传统的学府文化模式很难将康桥融府的项目核心价值体现出来，而简约有品、优雅节制的"轻奢"作为一种不可阻挡的大众生活潮流，最能体现出项目"快城市，慢生活"的高端生活价值体系。

布局

康桥融府景观庭院分为紫苑、翠苑、兰苑和汀苑四个区域，定位各不相同。

紫苑：写意庭院，亲近自然，感受四季人生，体现项目核心价值。

翠苑：怡乐庭院，儿童活动场所，打造生动活泼的生活场景。

兰苑：互动庭院，邻里活动、交往空间。

汀苑：静思庭院，安静的休闲空间。

康桥融府示范区景观设计，包括：紫苑、临时示范区（活动展示）、售楼中心以及解决地形高差的"十八梯"交通空间。示范区中，紫苑是最晚展示的景观庭院，也是整个项目景观的核心。

最好的景观最后呈现，是经过项目团队多轮方案研讨、全国物料苗木探寻、实施样板反复打样、项目总带队全专业每日走场质检……是开发商为了给客户提供最满意的示范区效果。

紫苑中的"紫"（purple）有高贵、典雅的寓意，神秘感十足，也代表着非凡的地位。

紫苑的景观设计体现三大价值观，即：

1. **致敬密斯**——少即是多：以密斯德国馆为起点，营造外形简约、内心丰富的景观空间。

景观设计平面图
1. 景观砾石
2. 跌水槽
3. 木平台
4. 格栅
5. 镜水面
6. 特色树池
7. 特色廊架
8. 阳光草坪
9. 艺术景石
10. 瑜伽平台
11. 枯山水
12. 小径

与赖特、勒·柯布西耶、格罗皮乌斯齐名的现代主义建筑大师密斯·凡德罗（LudwigMies Van derRohe）提出"少即是多"（less is more）的理念，并越来越成为普世价值观。

"少"不是空白而是精简，"多"不是拥挤而是完美。

选择设计中不常用但却纯洁、高雅的白色作为景观建筑主体色调，细部精简到极致，使几乎完全暴露的结构本身升华为艺术，简约而不简单。

东方风韵的白色镂空屏风替代高高的实体墙，将庭院空间围合的同时，还变堵为疏，使庭院景观得以延伸，拉近了公共区域与宅间花园的距离，增强了业主与景观的互动交流，自成一景。

2. **致敬艺术**：运用可视性、流动性的审美特点，打造特色景观树，镜面水与精致树池结合，使有限的景观空间得以延伸和扩展，如水墨画般天人合一；同时，还给儿童提供了安全的嬉水游戏空间。

3. **致敬自然**：再现自然的枯山水设计，贴近自然的瑜伽平台，使人们能够在大自然的包容中，消除疲惫，放松身心，回归自我，融入自然。

种类繁多的植物层次分明，清风拂过，竹林和鲜花给庭院带来了灵动的生机。坐在沐风厅的沙发上，从清晨到傍晚，从春天到冬季，静观花开花落，笑看云卷云舒，宁静的生活随性而惬意。

黄昏时，金色的阳光穿过白色景墙投影在镜面水池上时，徐志摩的"康桥"仿佛再现：那河畔的金柳，是夕阳中的新娘；波光里的艳影，在心头荡漾。

紫苑旁边的临时示范区既可以作为项目展示期间的休息区，又能为举办活动提供场地。

康桥融府的紫苑景观是对城市"轻奢"生活定义的一次诠释和设计实践。在浮华紧张的现代都市生活中，她犹如一泓清泉，滋润着我们的心灵。

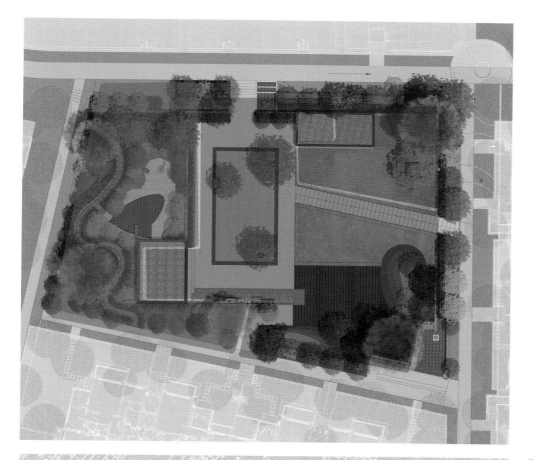

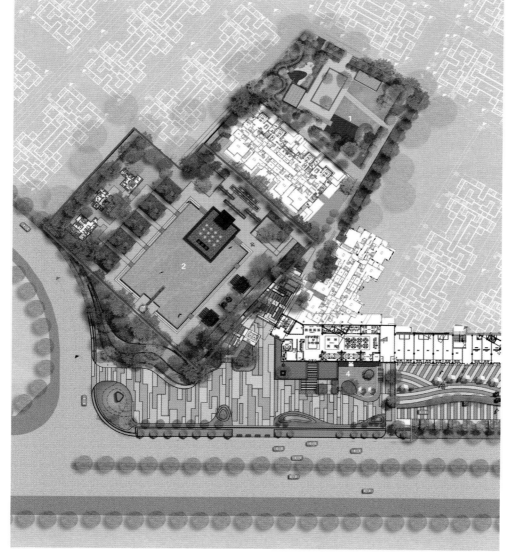

示范区平面图
1. 紫苑
2. 临时示范区
3. 十八梯
4. 售楼中心

建成时间：
2016年
景观面积：
14,000平方米
景观设计：
水石设计

中国，重庆

重庆禹舜茅莱山居

水石设计／景观设计

本项目建设开发基于多年来打造高品质别墅住宅社区的经验，并不断做出创新与改善，力求打造出建筑美学与生活品质完美结合的作品。茅莱山居项目是为适应客户需要而打造的高端纯别墅社区，设计上采用的高贵典雅的新古典建筑风格，强调与自然的和谐共生，总体布局高效宜居，户型设计温馨人性，是理想中的第一居所。

区域环境

本项目位于重庆市璧山区，属于重庆市自然生态保护区域，西临滨湖湿地公园，且为滨河景观带，属于重庆难得的珍稀土地资源。地理位置优越。

项目定位

项目意在打造中国高端别墅社区，创造和引导超前的生活方式和理念。同时，项目设计在璧山新城的西部区域，在遵守城市规控的同时，努力提升城市形象。

规划布局

考虑到项目所在区域的带状地形，利用因地制宜的方式，建筑整体采用双排延展式。并且户与户之间错开布置，做到每家每户都能眺望湖景；同时在长带中间穿插若干景观节点，使规划形态显得生动活泼。小区内部采用安全有效的人车分流方式，营造充分的归属感。规划还考虑了住户私密性问题，建筑间距，露台设计，庭院设计等方面都引入私密空间的概念，充分考虑住户感受。

建筑设计

选用新古典建筑风格，建筑外形丰富而独特，形体厚重，贵族气息在建筑的冷静克制中优雅地散发出来。建筑墙身全部采用干挂石材，色调清雅，凸显高贵沉稳，墙身的每一处转角都采用石材柱式做装饰，体现出端庄和细致的格调。深色的瓦屋面，与浅色墙身浑然一体，更衬托建筑的沉稳大气。檐下的线角、窗套上的压顶石以及八角的塔楼，无一不体现着法式建筑的浪漫、尊贵和优雅，建筑也因此被赋予了很强的可读性。原汁原味的法式元素，将建筑调和为一杯醇香的美酒，越品越觉得余味无穷。

景观设计

茅莱山居项目位于重庆璧山区，为售楼处展示区项目。该区域依山傍水，竖向变化丰富，环境植被丰裕，为展示区提供了优异的先天环境。设计中，依

附高差的变化, 设计了较为丰富的景
观场地, 通过曲折的山路竹溪, 到达
气势壮美的项目主入口, 漫步桃花廊
映入眼帘的是日月同辉的主景雕塑,
穿过山石院, 闻着潺潺细细的水声,
看到的是树之院, 来到悦澜荟映入眼
帘的是售楼处与无边际的水景, 而后
通过悦澜轩, 沿着自然的小径参观样
板房.项目整体强调单一行进流线, 展
示区内外分明, 便于管控, 景观细节变
化丰富, 与自然很好的融合。

户型设计

本地块内产品皆为大面积别墅产
品, 强调尊贵感力求在功能上满足生
活需要和善用景观资源。起居室、卧
室皆采用大面积景观窗或落地玻璃
门, 充分把自然光引入室内。平面设
计结合成都的气候特点, 重点考虑每
户的自然通风及阳台布置, 增加空气
对流量, 营造更加舒适的生活空间。
房型布置注重高品质的生活需求, 做
到动静分离, 流线紧凑合理, 构筑人
性化的居住空间。

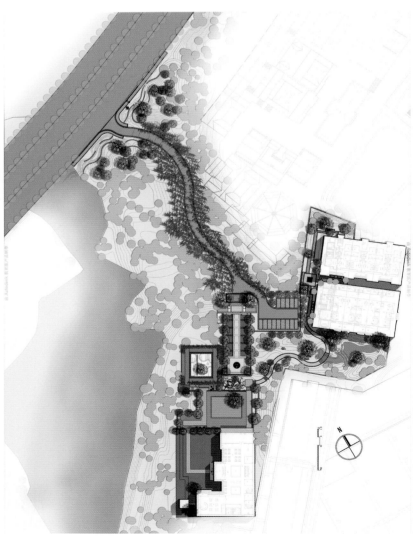

总平面图

中国，北京

龙湾别墅庭院

北京甲南园林设计事务所 / 景观设计

建成时间：
2016年

景观面积：
130平方米

摄影：
董立平

这是一个庭院改造项目，项目位于北京龙湾别墅，面积为130平方米。业主和我们希望营造一个实用和温馨的户外环境。宽敞的户外"客厅"，功能完善的就餐区，同时还要可以听到水的声音看到水流，却没有一池方便维护的水体。因为冬天水放干之后就会留下非常尴尬的池壁。

在提案初期，我们就定位园林以一种简洁的风格为基调，所有的形式都是功能的自然表现，所有的功能又都是生活的天然表达，我们坚信，美源于功能，功能源于生命。花园是有生命的，她和使用者是共生的，好的花园会完善使用者，成为使他生活中不可分割的一部分，所以花园的主人也会常常给予园林以维护、修剪植物、更换易消耗品。

入口大门的思路来源于沧浪亭，还未进入到院内，院外就已是一处景致。大门为一整块橡木制成，门的表面没有一处铆钉或者是门框，木板加固的结构都隐藏在内部。大门退向内部，寓意隐于市井，不远于繁华。而大门的侧墙整面石材天然的纹理作为主角，石材表面的质感所具有的岁月感本身就充满了故事，门牌号和信箱都以最简化的方式出现，以体现对材料本身的尊重。

大门两侧以竹为主，竹林亦有隐意。整面的橡木、整面的花岗岩、整片的竹林，我们相信最有力量的设计是材料本身，材料和人是有对话的，我们使用的所谓的设计手法其实是时常打断材料本身同人的沟通，而使我们最终无法倾听她本来的声音。

进入大门，是进入住宅入口的通道，道路的主要功能就是通达性和排水，所以道路没有做过多处理，只是石材的路面结合两侧的砾石排水，砾石的不确定性和石材的确定之间就形成了一个矛盾体，但我们认为园林一定是脆弱的，

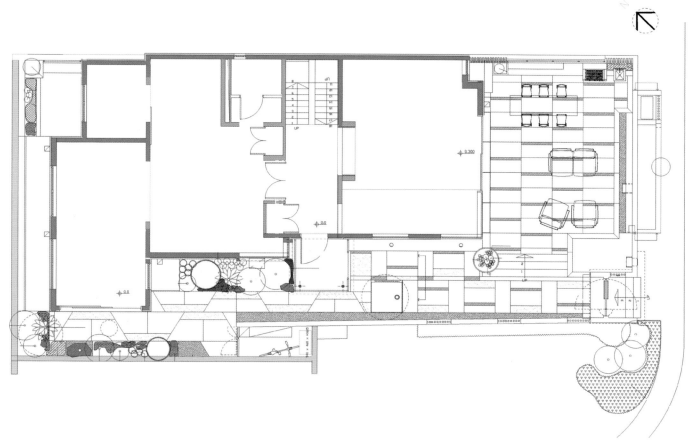

平面图

是不稳定的，因为生命本来如此。所以石材铺地，是人头脑中道路的概念，是理性和坚实的。而两侧的砾石则是不稳定的，似乎是掉落在缝隙中，你如果不喜欢的话可以把它清理走，但另一方面，它又必然在哪，因为那里是有一条排水沟，石子自然会滚落进来。然后在尽头长出一棵木槿，自带有"不经意"气质的砾石中生长出来的植物就更加显得自然和鲜活了，因为树可能是砾石中混进来的种子，然后因为某场雨后就发了芽。

庭院主要的活动区就在"室外客厅"，其中包含着沙发区、烧烤区、就餐区和活动区，是主要的活动空间。首先沙发区对面的墙上以木质隔板为装饰，隔板来源于室内的手法，可以在上面摆放盆栽和装饰物品，为后来的布置提供了更多选择，同时水景和隔板相结合，以小见大，如同山间的叠瀑，而水流最终流入砾石之中的循环系统，使水来于无源，消失于无源。同时层板的概念一直延续到烧烤区，而烧烤台改为石材台面，内部可以放置餐具用品等。餐台上方的隔板不仅可以放置装饰品，同时种植池上的野蔷薇也会沿木隔板爬上来，郁郁葱葱。

照明上利用隔板这一元素，将灯光隐藏于隔板背部，夜晚灯光微启，隔板便浮在墙面之上了。

侧院以植物种植为主，沿石路前行，两侧砾石佳木丛生。同时将库房、犬舍、宠物淋浴结合在一起。并将原有的置石加以改造，变成了一处石景涌泉。植物相互搭配，配合雕塑和水景，更多的是强调画面感，因为此处面对室内的工作室，所以精致的窗景就成为了她的主要功能了。

在中式传统园林之中，园必有名，亭必配文。文字向来都是园林的一部分。但现代园林之中匾额和对联显然和时代是不符的，毕竟诗词歌赋已经不是人们事业上升的通道，强行吟诗作赋必会显得做作不堪。所以文字变成了以一种类似书签的形式，在这棵木槿树下，我用拉丝不锈钢透刻了这首泰戈尔的短诗。人们只会偶尔看到，因为意境从来都是一念之间。

中国，苏州

北辰旭辉壹号院

山水比德集团／景观设计

建成时间：
2016年
项目面积：
1.6万平方米
摄影：
胡超

陆山归壹

未入院门，先见奇山，设计巧借贝聿铭先生苏州"以粉壁为纸，以石为绘"的峭壁山手法，运用锈钢艺术打造现代山水画卷。锻造收藏六座山，归宗壹号院之图景，一侧拴马柱阵，寓意族兴。

在景观行业，中国传统文化的现代演绎，正成为地产设计未来的主流态势。在有着独特文化气质的苏州，北辰旭辉壹号院解开了神秘面纱。山水比德园林集团作为景观设计单位，匠人情怀不变，匠意匠心依旧，以精益求精的追求，还原苏州本土文化，打造匠心之作。

北辰旭辉壹号院坐落于苏州新区白马涧风景区域，周边环山邻山，环境清幽。项目以苏式园林文化为底蕴和创作基调，提炼"江南山秀"为表现的文化符号，以现代手法演绎江南传统园林意境。

示范区入口明处展现了薄穿孔铝板假山、16根狮子柱和叠落平水池；暗处则有着背景米色石材墙体和竹林。整体景观设计通过假山、石柱、跌水营造出古风盎然的静谧氛围，结合大阳山的山路、森林，壹号院联排别墅的建筑类型定位，切合了壹号院"院落"的主题营造；大门右侧的石刻艺术，置坤石与石狮。是江南审美与传统技艺的珠联璧合；美妙的线条与深邃的气韵,是精雕细琢的匠心独运；受乾隆六巡江南六访此地后建听雪阁而受启示，项目由苏州香山帮匠人士纯手工打造听雪阁，以此追慕当年盛景。山下红梅并举，相映成趣，于是有了"梅须逊雪三分白、雪却输梅一段香"的味道；看房通道注重光影的搭配，在空间的渲染、视觉的诱导上，形成有明有暗、有收有放的视觉感受。白天，树影斑驳；夜晚，以暖光为主，结合多种光源营造温馨、低奢的整体基调。

世界再大，不过一个院子，
时空再久，不敌一腔情怀。

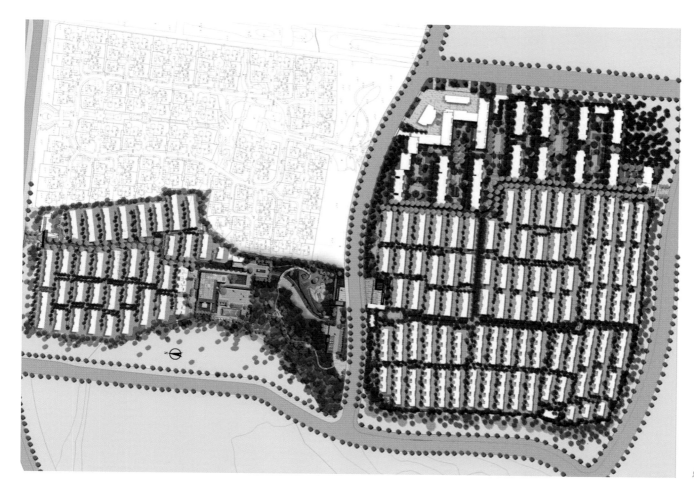

总平面图

开发商：
杭州滨绿房地产开发有限公司
项目总面积：
10.41公顷
景观总面积：
约8.55公顷
容积率：
2.97
绿化率：
30%

中国，杭州

杭州滨绿武林壹号

贝尔高林国际（香港）有限公司／景观设计

武林壹号的景观设计由贝尔高林总裁兼执行董事许大绚先生亲自操刀，力求卓越，严格把控每个环节，重视细节。寻访最质朴的心境，酝酿成深赋诗意与自然的韵味，在7.5公顷的土地之上，雕琢出浑然天成的新古典风格之亚热带皇家园林。举目四望，三大景观泳池，各色主题景致，高尔夫球场悉数陈列，徜徉其中，步步皆景。

蓝宝石泳池渲染皇家气息

海洋之心——宛若镶嵌于园林中的蓝宝石，以流畅美观的线条与自然水系、石材、植被融于一体。泳池底部以25mm马赛克筑成曼妙兰花，似3D般栩栩如生。整个泳池好似一颗巨大的蓝宝石嵌于景观中央，在四周高大挺拔棕榈树的映衬下，尽显浪漫亚热带风情。波澜变幻的中央景观水系呈现水之多姿；恬静宜人的碧波静池倒映水之明净；树影摇曳诠释水之灵动。

中轴线景观打造归家感受

125米长的恢宏中轴线景观带极具法式风格，竖立两侧的花钵齐整唯美，结合红叶石楠柱、银海藻、加拿利海藻等名贵树种，层次分明。贝尔高林通过艺术的手法，将空间美学与景观硬性需求相结合，在阵列花钵与镜面水景之间，打造出一条"会隐形"的消防通道。丰富空间的同时，也营造出一种庄重的仪式感，犹如仪仗队在静待业主归家。

高尔夫练习场树立高端定位

3,500平方米的高尔夫练习场地，通过景观设计上适当堆坡及植物组团，打造出一个半围合的高尔夫推杆休闲空间。适当保障场地隐私性的同时，也减少了玩耍喧闹声对住宅楼居民的影响。放眼望去，绿地、白沙与天空的那一抹蓝遥相呼应，好一幅怡人的画面。

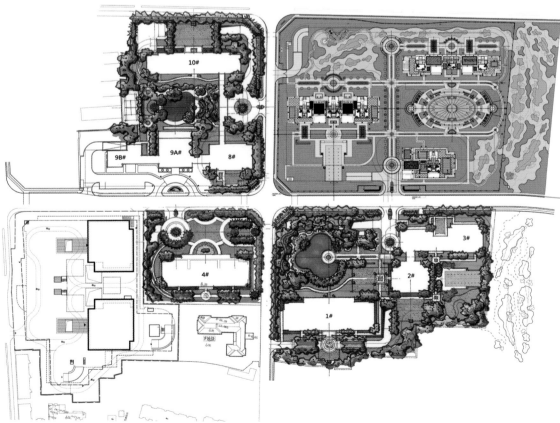

总平面图

中国，苏州

世茂·铜雀台二期

道合景观/景观设计

竣工时间：

2017年

景观面积：

10万平方米

设计周期：

2016年7月－9月

摄影：

存在建筑

本案为苏州世茂·铜雀台二期，用地规模10万平方米，为新中式风格别墅社区。

该项目地处苏州金鸡湖独墅湖双湖板块，拥有绝佳的地理位置和自然环境，宗地规划紧凑，公区用地均为狭长的街巷通道。因此，如何弱化格局的限制和体现豪宅环境的品质感及人文精神是设计重点思考的问题。

景观结构上，于外向双湖借景，将周边绿植及生态河道纳入社区外部环境体系，于内打造一条缤纷漫步道及六大主题街区，形成"一屏一环六街坊"的整体格局。

设计在"望源"主题下，借以深蕴自然旨趣与人文精神的"当代桃源"，实现"让生活回归自然"的返璞追求。以"桃源"为原型构筑出"花桥""远香""镜花""疏影""崎川""落英"六大景观组团。

"花桥"——故村现石桥，踏水花沾衣。以跌泉、清池、石桥、桃花等元素，传递自然与生活交相辉映的生机与活力。

"远香"——清风带香来，绿莲衬水清。通过睡莲镜池、精致水缸等元素，体现宁静清凉和素雅之美。

"镜花"——残红落池井，杯壶装明月。以镜中花、井中月为点缀，营造出小巧而精致，清爽而大气的氛围。

"疏影"——斜阳穿朱户，清窗裹乱红。以转折的道路空间、景墙、漏窗、剪影为元素，展现框景的惊喜与画卷感。

"崎川"——庭前有百矶，山水自在心。以劈开的山石为原型，搭配樱花的清丽典雅，通过现代写意手法诠释苏州园林的特有韵味。

"落英"——风吹满地红，明日拾花来。以银杏、樱花等色叶和观花乔木，重现主题街巷的司机变迁之景。

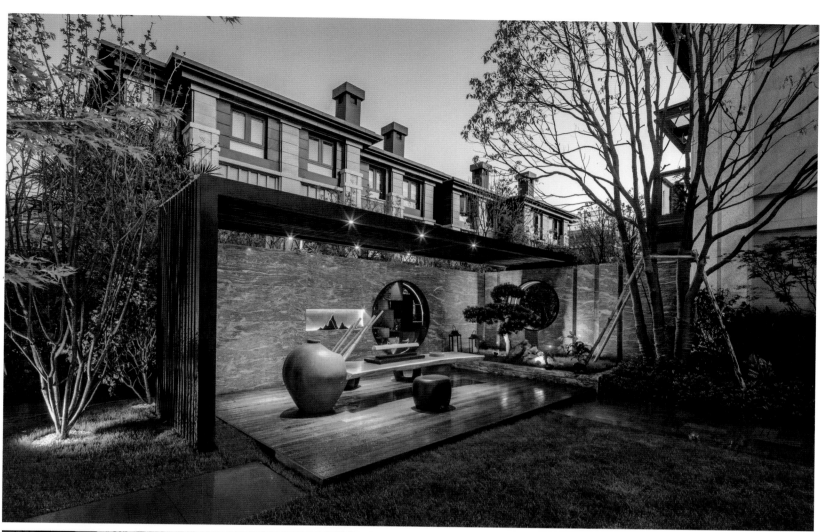

杭州龙湖唐宁 ONE

三尚国际(香港)有限公司／景观设计

竣工时间：
2016年12月

面积：
14,401平方米

业主：
杭州龙湖房地产开发有限公司

以苏州园林小中见大的精致空间感受为灵感源点，以兰卡威四季酒店、香港四季酒店、香港W酒店、巴利岛W酒店和新加坡W酒店等都市高端度假酒店的质量体验为提升点，营造出了新加坡香港等地的滨海度假豪宅质感。

唐宁ONE项目最大的挑战在于南侧面向市政道路用地狭长，由于用地售卖面积的最大化增加商业后，很难有比较理想的主入口空间，下方是初期的主入口草图，在建筑规划前期我们配合提出了主入口空间，紧急消防开口，人车分流，地库入口位置和管控的规划探讨，还试图探讨过借鉴香港礼顿山庄车库入口的可能，最终考量了东面通过桥连接的古翠路是大量人行回家和逛公园的流线，确定了绝对人车分流的建议，同时为了确保商业街前不增加消防通道或车道干扰可以有直接面对东面的公园和河流，可以形成较精品的商业楼盘符合高端豪宅的氛围，分别在东面通过一段特色墙对人行流线的带入，商业背后为遮挡西侧不良环境同时通过车行特色墙的带入，从规划的限制条件出发提出了酒店式到达大厅，利用从繁杂的外界环境进入宁静雅致的内部环境这种感官差异，突出项目的内在品质。

在中央形成从地库通过电梯直达中央花园的真正的户外生活大堂，大自然会客厅。这种考虑豪宅的特性不是外观视觉和黄金堆砌，而是内在把人的便捷放在第一位做了考虑，做成一个漂浮的舞台，把都市超高端酒店的奢华陆离的渲染通过水晶岛的概念来极致表达。提出一种"不一定是极致奢华，但一定是极致生活"的轻奢豪宅理念！

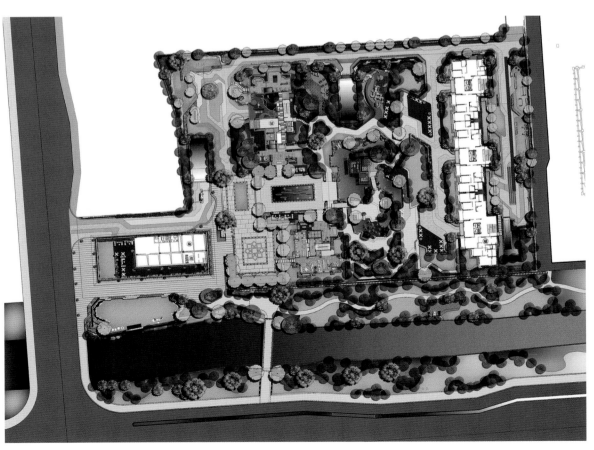

总平面图

中国，福州

福州金辉溪溪里

水石设计／景观设计

建成时间：
2016年
景观面积：
93,237平方米

这是距离福州城市核心最近的顶级别墅区；这是北观江、南观山的宜居福地；这是基于多年来打造高品质住宅社区的经验，并不断做出创新与改善，力求打造出建筑美学与生活品质完美结合的无遮挡观景社区。这里强调回归自然、和谐共生。

一条排洪沟的现代回归

福州淮安半岛，这里曾经是一片自然风貌的城市处女地，曾经的开发模式把自然起伏的丘陵变成了平地、把涓涓流水的溪涧变成了沟渠、铜墙铁壁一般的挡墙映入眼帘，自然风貌已然不再。

该地块原为山体"泄洪沟"，两面有10米多高的挡墙夹击，基地条件极不理想，设计化不利为有利，借助高差及周边山势。以"水"为媒介设计一条峡谷溪流，形成具有福州淮安当地人文情怀的山水"溪溪里"。

失去的自然原生态不能逆转恢复，设计师希望用这里曾有过的山林、陡坎、溪涧、瀑布，甚至山洞，营造一片能够静静体验自然原生意境的场所，向自然回归。

溪上溪下，原生六境

溪流营造"原生六境"六个体验结点——"归家廊桥""瀑布水亭""溪上茶室""溪谷探境""光影树亭""绿谷之廊"。

一条随高差游走不断变换视点的山水体验路径：

总平面图

身体姿势随地势变化而变化，在拾级而上，停留、转折间，回看、俯瞰、仰望、思考的身体动作中体会自然山水的意受。

在此，最为重要的观念是建筑和景观是作为一个整体对待，溪流空间和建筑竖向接通，从地库停车场到溪流空间连为一体。

归家廊桥

将"归家廊桥"定义为住区出入口，看到桥即看到了家。

瀑布水亭

"瀑布水亭"其实希望营造一处溪流之下的洞穴空间，透过瀑布看风景，看的是风景，本身也是风景。

溪上茶室

"溪上茶室"在水亭之上，结合溪流高差，营造溪上静悟的禅意空间。

溪谷探境

"溪谷探境"感受漫步溪水边的溯溪之路，踏溪而上，寻找溪流的源头。

光影树亭

"光影树亭"回忆榕树下的场所记忆，也是家的记忆。

绿谷之廊

"绿谷之廊"打造绿荫蔽日的山林感受。

中国，南宁

南宁万科悦府

GND设计集团 / 景观设计

设计时间：
2017年6月
面积：
2,900平方米
主创设计：
丘戈、钟永成、李冰
设计师：
罗峰、黄文慧、张灿杰、农波、莫本莹

大隐于市·闹中取"境"

南宁万科悦府，位于南宁高新区，处江北大道与鹏飞路交汇处，临近地铁1号线。得天独厚的自然条件让南宁有"绿城"的美誉，伴随着南宁首个袖珍中式园林——万科悦府的跃然而出，一幅东方意境画卷便于此徐徐展开。

GND设计集团在有限空间里释放想象，在中式园林中延续古典精髓，构了这个静美的、诗一般的自然灵界。为规避都市熙攘喧嚣，创作团队在整体设计中界定出敞亮的前厅、围合的中庭及静谧的后院三个核心空间、五个景观区域。整体景观序列呼应建筑及室内空间，昭示出收放有致、交互渗透、虚实结合的景观空间形态。

几番园林设计苏州探源之旅，及对自然和传统人文的敬畏，是设计的原点，也是设计师的情感载体。"在中国园林中，有山环水抱的自然意境、静观自得的心灵状态、文气氤氲的艺术氛围，让我们在幽微中阅读浩瀚，园林设计应该在回归、探索、谋求与自然和谐共生的基础上，创造一个城市人接近自然之道的生活界域。"

和谐有序 · 礼乐之美

不入园林，怎知春色如许，然也。游人入园，先浩浩荡荡领略一番礼序前厅，后折折返返囿于流水叠石，再顾顾盼盼流连于幽深小径。中国园林景观植物设计理念必须具备"礼"的精神和"乐"的精神才算完美，"礼"的特点就是"有秩序"，恰如空间入口处，严整方正的对称布局，颇有传统意趣的石狮子分列两侧，青石台阶拾级而上，尊贵感和礼序感兼备，独栋门第续写东方礼仪之美。

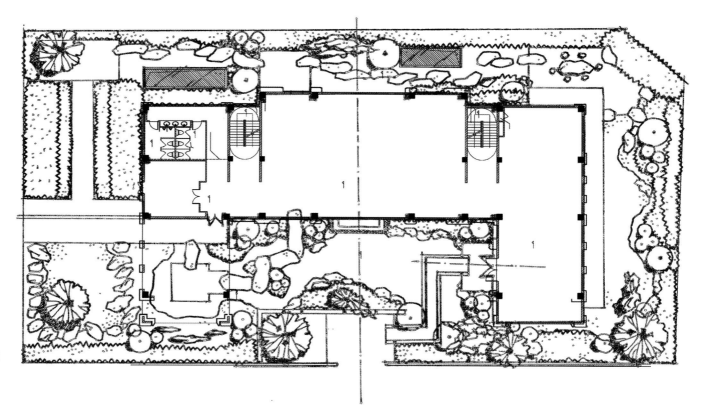

平面图

进入宅门，迎面看到的是叠砌考究的树苑影壁，也称为照壁，将美景收于其后，神秘幽微，起到欲扬先抑的效果。一株迎客松透过壁上的小窗迎接来宾，一幅简灵生动的框景图便应运而生，让意的优雅和境的深远开篇定调。

山水有致 · 寸石生情

设计通过对古典园林的研究，将园林九境礼、承、转、引、赏、隐、合、探、幽，融于此园，与销售中心需要具备的展示、礼仪、接待等功能结合设计。曲径回廊，蜿蜒徐行，一步一景，步移景异，在有限的空间里创造多重体验和感受，观赏一草一木的诗情画意。整石雕刻地铺，匠心独刻的精致间，显露着沉稳大气的文化底蕴，高贵而低调，高雅而温良。

玄奇古怪的石头，以特置、对置和散置等不同手法分置左右，疏宕有致，攒三聚五，深埋浅露，隐隐中脉络似断还连，使人不出城郭，而享山林之趣。并加以山石器设、山石花台，绿植交翠益彰的诗情画意，在山石交错、潺潺流水之间形成"青风明月本无价，近水远山皆有情"的自然深蕴，端严凝整，而又流动清丽。

竹之风物 · 清心雅静

领略过江南山水的钟灵毓秀，沿着石头小径转入售楼空间的另外一侧，途径名为轻舟书舫的木亭，且与清风共坐对饮。白墙、圆门，静谧安然，沉静点画，由门洞入内，乃竹外一枝轩的所在，斑斑竹影映现在对照墙上，设计通过几竿修竹表达出万顷竹林的景象。瑟瑟风声里，竹径通幽，竹影摇曳，相互渗透，让人感觉清气自来，顿远凡尘襟怀。

小径通幽处 · 花木凝芳气

游览过园林，穿循过竹径，一折一绕，是另一个静谧的人文探赏空间，漫步其间，独具村野巷陌的情志，这个自在徜徉的小天地，幽静怡然，觉世俗尘气为之一息。微风吹过绿植发出渐渐之声，浮动着自然的清鲜之气，暖阳微醺，月色轻抚，便有玲珑苍翠的竹影洒满蹊径，漫步青石板汀步，穿行在丛丛翠竹间，意境悠然，不可与外人道也。

不知城市有山林，谢公丘壑应无负。南宁万科悦府取中国山水画理，筑造化天然之境。设计因循自然的馈赠，借鉴古典园林的造园手法，汲取现代的景观元素，于咫尺之内再造乾坤。花光叶影，含蓄雅致，清幽澹逸，乐而忘俗，其带有东方特征的对世界、器物与人的哲美呈现，值得我们反复品阅体味。

完成时间:
2017年9月
景观负责人:
虞金龙
团队成员:
韩君、缪宇、孙官法、周宏伟等
摄影:
虞金龙、周凯丰

面积:
11,600平方米
业主:
融创地产、金源地产联合投资

中国,南京

融创·玖溪桃花源

上海北斗星景观设计工程有限公司 / 景观营造

　　玖溪桃花源宅院的精致生活与这里原有自然的野趣如何生机相融?玖溪桃花源的宅院文化与陶渊明描写的世外桃源又是否可以相互契合于此?带着对中式生活文化的思考、情怀、憧憬,这里的园林建筑、园林设计、园林营造就是按陶先生《桃花源记》的描述来进行的:

　　1.入口:由云松岛主景、自然垒墙和引人入胜的幽深的竹林组合而成,期望还原再现桃花源的场景和"宁可食无肉,不可居无竹"的文人气节,以三棵云松为组合的港湾式梦境入口岛让人渴望有那么一种留恋的冲动。

　　2.云亭守望:竹林尽处豁然开朗,梅花坡上有亭悠然而立,亭旁奇松盘踞,巧妙隐喻了岁寒三友的相聚或每个人可在此停留或前行的一处风景。

　　3.桃花源门庭:梅林尽处忽见门上一匾上书有"桃花源"三字,而门庭广场一松一石与枫树真正的形成了"停车坐爱枫林晚"的美妙与内涵。

　　4.双庭园记:经回廊花园到达桃花源演示中心有两庭院,一为水庭一为禅庭,用简洁与明快手法,让您在中式园林与日式园林的赏心悦目中悠然而然,让心灵回归宁静的优雅。

　　5.陶然乡趣园:离开售楼中心后,人们可缘溪行忘路之远近,一派溪流潺潺,竹海摇曳、茅草浅显中忽然绿树掩映下"见素之庭"顿然眼前。

　　6.见素之庭:但见花开四季,朴树横翠,草木扶疏,转折处又见"抱朴深巷"。

　　7.抱朴深巷:庭院深深深几许,一路绿树环绕、峰回路转的静街府门,亦可拾级而上,一个个不同主题的宅院别墅跃然心上。

　　8.宅院入胜:不同的情调和主题庭院让你我怦然心动。

　　这就是源自东方思考层层递进引人入胜的融创玖溪桃花源:一个拥有万亩竹海、千米溪涧、十里风荷、四季常乐、一院情深的地方。

竣工时间：
2016年
面积：
58,500平方米
铺面：
黄金板岩、黄锈石、紫斑、红斑、山东白麻
乔木：
皂角、国槐、银杏、樱花、鸡爪槭、桂花、
朴树、沙朴、蒙古栎、黄金槐、广玉兰、
栾树等
建筑设计：
建言建筑

中国，郑州

郑州龙之梦西苑

上海翰祥景观设计咨询有限公司／景观设计

设计目标

龙之梦项目位于郑州CBD龙湖区块，是一个占地104,000平方米，容纳790户住户的居住小区。

社区居住人群以高端消费家庭为主，社区景观尤为要求呈现尊贵与气势；另一方面，公共空间的日常使用尤以老人及孩童居多，在典雅豪华之余，更需要从空间出发，通过全龄全时的活动配套构建，提供不同规模、层次、氛围的多功能场所。

设计说明

设计在东西入口着重空间层次配置，通过轴线对称等手法，以经典的法式语汇搭配建筑，呈现典雅尊贵的法式情怀；同时，尽量减弱繁琐纹饰，力求拉近空间场所与人的距离。节点空间多以自然柔和的植物配置，搭配精致小品，并分别赋予各不相同的空间氛围主题，呈现功能多样、舒适自在的生活空间。

社区中共设置九个主题公共场域。

中央绿地与凡尔赛林荫广场和枫丹白露广场相连，为社区居民提供主要的共同活动空间，这三处主题景观与东西入口，串联成了社区的主要景观轴线；两个依年龄区分的原创儿童游戏场为社区儿童游乐及亲子交流提供空间；薰衣草广场和古典玫瑰园以季节花卉为主题、米开朗琪罗广场以休憩功能为主、秘密花园则将基地边角营造成私密宁静的花园空间，为社区增添更多丰富趣味。

总平面图
1. 东入口
2. 凡尔赛花园
3. 凡尔赛林荫广场
4. 枫丹白露广场
5. 卢浮广场
6. 古典玫瑰园
7. 丛林乐园
8. 米开朗琪罗广场
9. 阿波罗乐园
10. 西入口
11. 薰衣草广场
12. 中央绿地
13. 秘密花园

东入口

为了最大化社区内部空间，入口空间相对紧凑，需兼具人行及回车入库使用。

综合考虑功能及层次美观，设计在入口处设置长12.8米，宽4.7米，高1米的椭圆形叠水水景，并以黑色石材细致雕琢鱼鳞形状纹路，在体量与细节上展现项目尊贵气质。

景观设计引荐艺术家对水景上的雕塑进行原创创作，最终名为"如意游龙"的银箔艺术雕塑，取意草书"如意"两字，以蜿蜒向上的龙形意向，双关项目名称所蕴含的尊荣与美满生活祝愿。

凡尔赛花园

由东入口步入观景广场，视线变得辽阔深远；以廊架为背景，十字形涌泉水景绿地呈现出传统法式园林的典雅与尊贵；厚重的石材铺地延续了东入口的质感配色，让整体空间更加贵重豪华。

廊架是观景广场以及东面多功能广场的分水岭及共同端景，开阔空间在廊架处收紧，穿越拱门后，在多功能广场再次放开。收放之间，更加私密生活化的景观空间被割据出来，空间层次也变得更加丰富而有趣。一眼望不尽的美，最是引人入胜。

廊架本身装点铁艺花窗，内置桌椅可供休憩，顶盖以通透的铁艺穹顶处理，减轻量体感的同时，也增加了光影变化之美。

西入口

整个西入口景观呈T字形，由四个节点景观切分为四段式空间。

因仅提供人行出入，西入口尺度更加雅致、私密。

进入社区后，一个小型的中庭迎宾水景切割出社区的门厅；穿过迎宾水

景，是一条豁然开朗的观景大道，以经典的椭圆形水景为端景，尺度氛围静谧，温暖幽静。

椭圆水景位于T字交叉处，是西入口最为重要的景观节点。自此处向南北两侧延展，分别以日晷雕塑及穹顶为中心，设立景观节点，延续入口尊贵典雅的空间氛围。

儿童乐园

丛林乐园针对2~6岁孩童，并以色彩缤纷的丛林为主题。以彩色弹性地垫拼画出斑斓的丛林动物，舞台边缘也有彩绘及长颈鹿造型墙体，墙体上奇趣的字母、数字、与动物，勾起孩童对自然的好奇，也为学前教育创造了很好的场域。

游戏设施均由H&A自行定制，不仅给亲子启蒙教育提供了更丰富的空间，也让现代社会深受电子产品吸引的孩子们离开荧幕、动手体验，更多的和同龄交流、和自然交流。

阿波罗乐园则针对6~12岁孩童设定，同时具备成人亦能使用的健身设施。

以红绿蓝的马赛克造型座椅，切分空间的同时，也为陪伴家人提供休憩看护空间，围绕并界定出多彩花朵装饰的乐园空间，不同质感的混合也为空间增添许多新奇感受。

主　　编：杨学成
执行主编：梁尚宇
编委（排名不分先后）：

房木生、俞孔坚、庞　伟、唐艳红、陈靖宁、詹　鹤、
郑　锋、郭钧辉、单秀凯、王　卉、成　效、杨　政、
刘扬、李　克、李　涛、胡炳盛、梁海峪、虞娟娟、
祖丽君、胡启民、邵　建、何小强、杨　舒、许大绚、
张淞豪、王艺霖、刘文静、祁　锋、唐继平、王　月、
陈　啸、张进省、周　易、王伟业、范传虎、高蒙蒙、
刘家平

图书在版编目（CIP）数据

中国景观设计年鉴2017 ：全2册 / 杨学成主编．—
沈阳 ：辽宁科学技术出版社，2018.5
　ISBN 978-7-5591-0628-5

　Ⅰ．①中… Ⅱ．①杨… Ⅲ．①景观设计－中国－
2017－年鉴 Ⅳ．① TU983-54

　中国版本图书馆 CIP 数据核字（2018）第 023803 号

出版发行：辽宁科学技术出版社
（地址：沈阳市和平区十一纬路 25 号 邮编：110003）
印 刷 者：鹤山雅图仕印刷有限公司
经 销 者：各地新华书店
幅面尺寸：240mm×305mm
印　　张：75
插　　页：8
字　　数：600 千字
出版时间：2018 年 5 月第 1 版
印刷时间：2018 年 5 月第 1 次印刷
责任编辑：杜丙旭　宋丹丹
封面设计：何　萍
版式设计：何　萍
责任校对：周　文

书　　号：ISBN 978-7-5591-0628-5
定　　价：618.00 元（全 2 册）

联系电话：024-23280070
邮购热线：024-23284502
http://www.lnkj.com.cn